現場で迷わない

# はじめての
# 電気工事業界用語

廣吉 康平 著

Ohmsha

# 電気工事の現場から

あなたは今、どんな気持ちでこの本を手に取り、この文章を読んでいますか？“電気工事ってどんなことをやっているんだろう？”、“自分にもできるだろうか？”などと思っているでしょうか。“電気工事や建設業って、ちょっと怖いよな”と思っている人もいるかもしれませんね。

本書は、そんな人たちに読んでほしいと思って書きました。職人（建設業で働く人は職種に関係なく、尊敬の念を込めて「職人」と呼ばれます）の世界はよく「見て覚えろ」の世界だと言われます。しかし、見て覚える仕事と同じくらい、実は聞いて覚える仕事も多くあります。ただ、聞いて覚えようにも電気工事の現場では、普通に聞いただけでは意味のわからない、いわゆる業界用語が飛び交っています。英語が苦手だという人も多いと思いますが、やはり単語がわからないと文章全体、つまり、話している内容がわからなくなってしまいますね。そのようになって、現場で迷わないために、本書では現場未経験者や経験の浅い人がつまずきやすい言葉を集めました。

電気工事の世界に飛び込む前に一通り読んで、イメージをつかむために利用してもよいですし、すでに電気工事の世界にいる人は、先輩たちの言葉がわからず愛想笑いをしてしまった後などに、ちょっと調べるために使ってもよいと思います。当然、業界用語なので微妙なニュアンスや使い方に違和感がある人もいると思いますが、現場や言葉は生きものです。ご容赦ください。

最後になりますが、この本によって電気工事の世界を皆さんが少しでも身近に感じてもらえたら幸いです。

廣吉 康平

## 本書の読み方

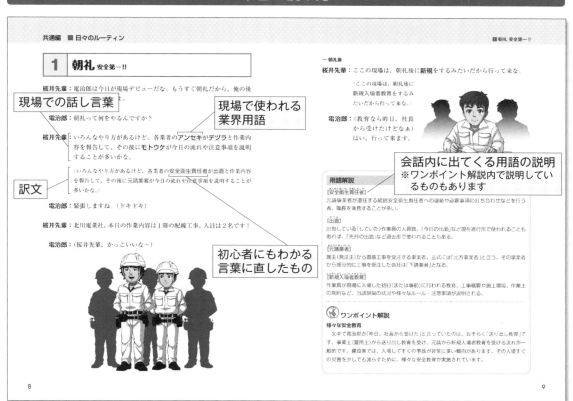

# CONTENTS

# 試験・測定 編

**桜井 先輩**

工業高校の電気工学科を卒業して
すぐ電気工事の世界に入った。経
験8年目の若手から中堅になって
いく途中の電気工事士。若干そそ
っかしく言葉足らずだが、真面目
な性格。奥さんには頭が上がらな
い。趣味は野球とゴルフ。

**古賀 電治郎**

新人電気工事士。高校卒業後、
ボーリング場に就職したが、手
に職をつけたいと思い、電気工
事の世界に飛び込んだ。少し生
意気だが、根は真面目。趣味は
ビリヤード。

**北川 社長**

電気工事会社、北川電業社の
社長。経験35年の大ベテラン
電気工事士。普段はシャイ
で寡黙だが、指示は的確。鼻
ひげがトレードマーク。広島
県出身。

**著者・協力者**

廣吉 康平
（株）九電工。国立久留米工業高等専門学校電気工学科卒。国立琉球大学に編入、同大学工学部電気電
子工学科卒。保有資格：技術士（電気電子部門・総合技術監理部門）、第一種電気工事士、第三種電気
主任技術者、建築設備士 ほか。

写真撮影協力　：福水 政邦（トヨタ工業（株））
作図協力　　　：（株）ポリライン
写真・資料提供：（株）九電工、ネグロス電工（株）、（株）土井製作所、エヌパット（株）、未来工業（株）
　　　　　　　　（株）三門、古河電気工業（株）、（株）ワールド避雷針工業、パナソニック（株）

# 共通 編

☑ 日々のルーティン
☑ 安全装備

安全第一！
服装と装備のチェックを行い、
KY ミーティングを行おう。
工事が安全に行えるかは日々の
準備の積み重ねに掛かっている。

## 1　朝礼 安全第一!!

**桜井先輩：**電治郎は今日が現場デビューだな。もうすぐ朝礼だから、俺の後ろに並んでおけよ。

**電治郎：**朝礼って何をやるんですか？

**桜井先輩：**いろんなやり方があるけど、各業者の**アンセキ**が**デヅラ**と作業内容を報告して、その後に**モトウケ**が今日の流れや注意事項を説明することが多いかな。

（いろんなやり方があるけど、各業者の**安全衛生責任者**が出面と作業内容を報告して、その後に**元請業者**が今日の流れや注意事項を説明することが多いかな。）

**電治郎：**緊張しますね。（ドキドキ）

**桜井先輩：**北川電業社、本日の作業内容は１階の配線工事、人員は２名です！

**電治郎：**（桜井先輩、かっこいいな〜）

— 朝礼後

**桜井先輩：** ここの現場は、朝礼後に **新規** をするみたいだから行って来な。

（ここの現場は、朝礼後に **新規入場者教育** をするみたいだから行って来な。）

**電治郎：** （教育なら昨日、社長から受けたけどなぁ）はい、行って来ます。

---

## 用語解説

**【安全衛生責任者】**
元請事業者が選任する統括安全衛生責任者への連絡や必要事項の打ち合わせなどを行う者。職長を兼務することが多い。

**【出面】**
出勤している（していた）作業員の人員数。「今日の出面」など現在進行形で使われることもあれば、「先月の出面」など過去形で使われることもある。

**【元請業者】**
施主（発注主）から直接工事を受注する事業者、正式には「元方事業者」と言う。その事業者から部分的に工事を受注した会社は「下請業者」となる。

**【新規入場者教育】**
作業員が現場に入場した初日（または事前）に行われる教育。工事概要や施工環境、作業上の制約など、当該現場の状況や様々なルール・注意事項が説明される。

---

 ## ワンポイント解説

### 様々な安全教育

　文中で電治郎が「昨日、社長から受けた」と言っていたのは、おそらく「送り出し教育」です。事業主（雇用主）から送り出し教育を受け、元請から新規入場者教育を受ける流れが一般的です。建設業では、入場してすぐの事故が非常に多い傾向があります。その入場すぐの災害を少しでも減らすために、様々な安全教育が実施されています。

## 2 KYミーティング "危険の芽"をつもう

**電治郎：**桜井先輩〜！新規、終わりました。

**桜井先輩：**コラッ、現場で走るなよ。よし、それじゃあ**ケーワイ**をやるぞ。

（コラッ、現場で走るなよ。よし、それじゃあ**危険（K）予知（Y）活動**をやるぞ。）

**電治郎：**（ＫＹ？ 空気読め??）

**桜井先輩：**今日は**ロクシャク**の脚立を使っての配線作業だから、身を乗り出して転倒する恐れがあるな。でも、電治郎を監視人に立てることで事故のリスクを減らすことができるよ。

（今日は**6尺**の脚立を使っての配線作業だから、身を乗り出して転倒する恐れがあるな。でも、電治郎を監視人に立てることで事故のリスクを減らすことができるよ。）

**電治郎：**えっ？脚立から身を乗り出しちゃダメでしょ。それくらい僕でもわかりますよ。

**桜井先輩：**してしまうかもしれないことを予知するから危険予知なんだよ。予知した危険に対策を立てて**リスクアセスメント**をしているんだよ。

（してしまうかもしれないことを予知するから危険予知なんだよ。予知した危険に対策を立てて**リスクの評価**をしているんだよ。）

**電治郎：**リスクアセスメントって言葉、聞いたことがあるような、ないような…。

**桜井先輩：**電治郎みたいなやつが、つい脚立の**テンバ**に乗って、ひっくり返るんだよ。

（電治郎みたいなやつが、つい脚立の**天板**に乗って、ひっくり返るんだよ。）

KYミーティング

**電治郎：** はい…、気をつけます。

---

### 用語解説

**【危険予知活動】**

作業前に、現場や作業内容にどのような危険があるかを考え、その危険に対して、どのような対策をとれば危険の芽をつむことができるかをメンバーで話し合うこと。「ＫＹミーティング」とも言う。

**【尺】**

昔の長さの単位で、１尺は約30cm（303mm）。脚立の大きさは尺で表現されることが多く、畳んだ時の長さで表される。「６尺脚立」と言えば約1.8ｍの長さ、「４尺脚立」は約1.2ｍの長さの脚立になる。

**【リスクアセスメント】**

危険予知活動のツールとして使われる。直訳すると、risk assessment（リスクの評価）だが、手順としては予知した複数の危険の芽の「発生した場合の重篤度」と「発生する可能性」の掛け算でリスクを評価し、評価をもとに優先順位を付けて対策を講じていく。そして、対策を講じた後で再度リスクを評価し、作業可否を判断する。この手順全体をリスクアセスメントと呼ぶことが多い。

**【天板】**

脚立の最上段部。「テンバン」と読むが、言いにくいからか、「テンバ」と発音されることもある。不安定になり危険なため、天板に乗っての作業は当然のことだが、座ったり、またがったりしての作業も禁止となっている。

脚立天板

---

 **ワンポイント解説**

**色々な足場**

簡便に移動ができる足場は、脚立のほかにも色々ありますが、その代表格は「伸び馬（立ち馬）」です。脚立と違い、天板に十分な広さがあるので、天板に乗ることは当然のこと、移動しながらの作業も可能です。

近年は、脚立の使用は狭所などに限定し、基本的には伸び馬の使用を義務付ける現場が増えてきています。

脚立

伸び馬

## **3** **1日のサイクル** 体調に注意して作業しよう

**電治郎：**桜井先輩、お腹減りましたね。

**桜井先輩：**そうだな。今日は、新規もあって作業開始が遅かったから、10時の**イップク**も取らなかったし、少し早いが**詰め所**に行って飯にするか。

（そうだな。今日は、新規もあって作業開始が遅かったから、10時の**一服**（休憩）も取らなかったし、少し早いが**休憩場所**に行って飯にするか。）

**電治郎：**昼の休憩って1時間ですか？

**桜井先輩：**多少の前後はあるけど、だいたい12時から午後1時まで、1時間程度休むことが多いかな。暑い時期で**WBGT**が高い時は、長めに休むこともあるよ。

（多少の前後はあるけど、だいたい12時から午後1時まで、1時間程度休むことが多いかな。暑い時期で**暑さ指数**が高い時は、長めに休むこともあるよ。）

**電治郎：**さっき10時の一服って言ってましたけど、ほかにも休憩はあるんですか？

**桜井先輩：**状況にもよるけど、昼休憩のほかに10時と3時に、15分から30分程度の休憩を取ることが多いよ。

**電治郎：**じゃあ、3時の休憩目指して頑張ります！

**桜井先輩：**俺は昼休み明けに**チューレイ**があるから、**ヒルイチ**の作業段取りは頼むぞ。

（俺は昼休み明けに**昼礼**があるから、昼一（昼休み明けすぐ）の作業段取りは頼むぞ。）

---

### 用語解説

【詰め所】
現場内に設けられた（現場外の施設に設ける場合もある）休憩スペースのこと。ここで朝夕の着替えをしたり、昼食を取ったりする。一昔前は、煙草の煙が充満しているイメージだったが、最近は禁煙にする現場がほとんどで、煙草の一服はできないことが多い。

【WBGT】（参考：環境省 熱中症予防情報サイト）
暑さ指数（WBGT：Wet Bulb Globe Temperature（湿球黒球温度））。単位は気温と同じ摂氏度（℃）で示されるが、気温とは異なる。WBGTは人体と外気との熱のやり取り（熱収支）に着目した指標で、人体の熱収支に与える影響の大きい ①湿度、②日射・輻射など周辺の熱環境、③気温の3つを取り入れた指標。

【昼礼】
昼休み前後に行われる打ち合わせのこと。その日の午後や翌日の作業の調整を行う。通常、元請業者と各業者の職長・安全衛生責任者が出席する。

---

 **ワンポイント解説**

**打ち合わせが多い？**

　このページを読んで、朝礼だの昼礼だの面倒なことが多いな、と感じている人もいると思います。なぜ、こんなに打ち合わせばかりしているのか？ その答えは、建設業は基本的に請負契約であるから、ということになります。請負契約では、発注者（ここでは元請）は下請会社の作業員に、作業場所や人員に対して直接指示を出すことはできません。どこで、何人で、どうやって施工するかの決定権は、あくまでも下請業者にあります。ただ、各業者が勝手にやりたい場所を施工していては、工事は進みません。そのため、建設業では朝礼や昼礼などを通じて、各会社間の作業調整を密に行っています。

# 4 作業終了 片づけは大事

**桜井先輩：**切りもいいし、そろそろ上がるか。

**電治郎：**疲れましたね。詰め所に行って早く着替えて帰りましょうよ。

**桜井先輩：**まだだよ。**サンエス**をきっちりやって、**終わり仕舞い**をしっかり
　　　　　　したら作業終了だ。

　　　　　　（まだだよ。**3S活動**をきっちりやって、**作業場所の片づけ**をしっかりした
　　　　　　ら作業終了だ。）

**電治郎：**明日も朝から作業だし、このままでよいのでは？

**桜井先輩：**何を言ってるんだ。毎日の片づけは現場作業の基本！あっ、そこ
　　　　　　の**インパクト**は**ガンバコ**に入れておいてよ。

　　　　　　（何を言ってるんだ。毎日の片づけは現場作業の基本！あっ、そこのイン
　　　　　　パクト**ドライバー**は**大型工具収納箱**に入れておいてよ。）

**電治郎：**インパクトって、このドリルみたいなやつですよね。（ガンバコ
　　　　　　って、このデカイ箱のことかな？）

**桜井先輩：**そうだよ。入れる前にちゃんとバッテリーは外しておいてくれよ。
　　　　　　充電しておかないと、明日の朝、仕事にならなくなるよ。

**電治郎：**充電式は便利ですけど、こういう時、少し面倒ですね。

**桜井先輩：**現場で、コンセントを探して延長コードを伸ばす手間を考えたら、
　　　　　　充電の手間なんてたいしたことないよ。よし、片づけも終わった
　　　　　　し、帰るか。明日で今回の作業は終わりそうだから、明日は終わ
　　　　　　り仕舞いにしよう。

**電治郎：**（終わり仕舞いって…、明日は片づけしかやらないのかなぁ）

## 用語解説

### 【3S活動】
（さんエスかつどう）

整理・整頓・清掃の頭文字「S」を取った、現場の作業環境を整える活動。清潔を足して「4S」、躾（しつけ）を足して「5S」とも呼ばれる。

### 【終わり仕舞い】
（おわりじまい）

作業終了時の片づけ行為自体を指す場合もあれば、作業終了後の作業場所の状態を指す場合もある。また、作業が終わり次第、定時を待たずに作業を止めて帰宅（帰社）するという意味でも使われる。

### 【インパクトドライバー】

通常の（電動）回転ドライバーに、回転方向に衝撃（インパクト）を付与する機構が加えられたもの。硬い材料にビスなどを打ち込むことが可能になるが、繊細な作業には不向き。インパクト機構のON–OFFが切り替え可能な製品も多い。

インパクトドライバー

### 【がん箱】
（ばこ）

工具などを盗難防止のために収納しておく、鍵が設置できる大型の鉄の箱のこと。語源は、棺箱（かんばこ）・棺桶からきたという説や、ガンガン叩いても壊れない箱という説があるが、はっきりしない。

大型工具収納箱

 ## ワンポイント解説

### 衝撃機構付きドリル

　回転方向に衝撃を与える機構が付与されたものを「インパクトドライバー」と呼びますが、ドリルの軸（垂直）方向に衝撃を与える「振動ドリル」というものもあります。こちらはコンクリートやタイルなどへの穴開けに使用されます。どちらも非常に便利で電気工事の世界では一般的な工具ですが、使うには少し経験と技術が必要です。インパクトドライバーは慣れない人が使うと、ビスの頭をつぶしてしまったり、ビスを取り付ける板などを突き破ったりすることがあります。しっかり練習してから実際の工事で使いましょう。文中のような充電式のほかに、パワーが比較的高いコンセントにつないで使うコード式もあります。

## 1　安全帯 命をつなぐ命綱

**桜井先輩：**電治郎、だんだん慣れが出てきて安全装備が雑になってないか？

**電治郎：**そうですかぁ？ヘルメットもかぶっているし、**アンゼンタイ**もしていますよ。

（そうですかぁ？ヘルメットもかぶっているし、**安全帯（墜落制止用器具）**もしていますよ。）

**桜井先輩：**ヘルメットのあご紐が少し緩いな。おい、安全帯をいったいどこに巻いているんだ。安全帯は腰骨の上に巻くんだぞ。

**電治郎：**わかっていますけど、なんか痛くて…。

**桜井先輩：コシドウグ**のバランスが悪いんじゃないか？**ドウアテ**を外して付け直してみな。

（**腰道具**のバランスが悪いんじゃないか？**胴当てベルト**を外して付け直してみな。）

**電治郎：**こんな感じですか？あ、楽になりました。

**桜井先輩：**それから、ヘルメットに傷がついたらすぐ言えよ。**タイデン性能**が劣化したものは電気工事では使えないからな。

（それから、ヘルメットに傷がついたらすぐ言えよ。**耐電圧性能**が劣化したものは電気工事では使えないからな。）

**電治郎：**タイデン性能??

**桜井先輩：**電気工事で使うヘルメットは、ほかの職種で使うヘルメットと違って、電気を流さない作りになっているんだよ。自分たち電気工事に携わる人間は、一般的なケガだけでなく、電気によるケガも引き起こさないように注意をしないといけないんだよ。

## 用語解説

### 【安全帯】
あんぜんたい

命綱付きベルトのこと。全身を包むような
フルハーネス型と、腰に巻くだけの胴ベル
ト型がある。電気工事では現状、胴ベルト
型が主に使用されている。

※ワンポイント解説参照

### 【腰道具】
こしどうぐ

胴ベルトにぶら下げている工具ホルダー
や、そこに収納される工具および「腰袋」と
呼ばれる道具入れなどの総称。

### 【胴当てベルト】
どうあ

胴ベルトの内側の体に接する部分に使用す
るクッション性の高いベルトのこと。締め
付けを緩和する効果のほか、胴回りを太く
して、より多くの工具がセットできるよう
にする効果もある。

胴ベルト型安全帯

### 【耐電圧性能（ヘルメット）】
たいでんあつせいのう

規格によって違うが、ある一定の電圧に1
分間以上耐える性能を有したヘルメット。
通電してしまうため、通気孔の付いたヘル
メットは電気工事には使用できない。

腰道具

 ワンポイント解説

### フルハーネス型安全帯への移行

　胴ベルト型安全帯は着脱が簡単ですが、落下時に体が抜け出したり、腹部を圧迫して
しまう危険性があります（文中で腰骨の上に巻くように指導しているのはそのためです）。
2019年2月より、建設業の場合は5m以上の高所において、フルハーネス型安全帯の使
用が義務付けられています。

## 2 | 検電器 まず検電

**北川社長：**電治郎、電工にとって一番大事な**ケンデンキ**はどこにあるんだ？

（電治郎、電工にとって一番大事な**検電器**はどこにあるんだ？）

**電治郎：**ケンデンキ…、あのタッチペンみたいなやつですね。ちゃんと腰袋に入れています。え〜っと、はい、ありました。

**北川社長：**検電器はさっと出せる場所にしまっておかんか。胸ポケットにさしておきなさい。

**桜井先輩：**電治郎、その検電器は**低圧**用だからな。間違っても、**高圧**を**あたろう**とするなよ。

（電治郎、その検電器は**低圧**用だからな。間違っても、**高圧**を調べようとするなよ。）

**電治郎：**あたる??

**桜井先輩：ヒフク**の上からでも調べられるけど、感度調整をしっかりしないと、反応しないぞ。

（**被覆**の上からでも調べられるけど、感度調整をしっかりしないと、反応しないぞ。）

**電治郎：**ヒフク??

**北川社長：**桜井、偉そうに言っているが、自分の検電器も確認しておけよ。この前みたいに、電池切れで無駄な時間を作らないように。

**桜井先輩：**大丈夫ですよ。電池も新しくしましたし、今は、テストボタンで毎日チェックしていますよ。

## 用語解説

**【検電器】**

電気が来ているか調べる器具。導体部分に直接当てて調べる接触型と、被覆の上からでも検電可能な非接触型がある。非接触型は、検知する感度を調整することができる。ただし、一般的な非接触型検電器が検知できるのは交流のみで、直流は検知できない。

非接触型低圧検電器

**【低圧・高圧】**

電気設備の技術基準上の区分で交流の場合、600Vまでを「低圧」、600Vを超えて7,000Vまでを「高圧」、7,000Vを超えるものを「特別高圧」と呼ぶ。一般的な電気機器はすべて低圧の区分になる。高圧を検電する場合は、高圧用の検電器を用いて、さらに絶縁手袋などの保護具を装備して行う。

**【あたる】**

電気が来ているかを調べる検電だけでなく、色々な測定装置で電圧や電流を調べる際にも、この「あたる」という表現がよく使われる。

**【被覆】**

電気が流れる金属部分（導体）を覆っているビニールなどの絶縁体や外装材のこと。

高圧検電作業

---

 **ワンポイント解説**

**絶縁とは**

　電気が流れない状態になっていることを、「絶縁」と呼びます。また、流れない状態にすることを「絶縁する」と言います。電気工事で一番ポピュラーな絶縁工事は、ビニールテープ巻きです。ビニールテープを重ねて巻くことで、導体部分の絶縁処理を行います。このビニールテープや導体の絶縁ビニールなどを、電気を通さないものという意味で「絶縁体」と言います。非接触型検電器は、この絶縁体の上からでも検電可能な、なかなかの優れものです。

# 3 様々な保護具 しっかりガードしよう

**桜井先輩**：いい機会だから、ほかの**ホゴグ**も点検するか。

（いい機会だから、ほかの**保護具**も点検するか。）

**電治郎**：ほかのホゴグ？？

**桜井先輩**：会社からヘルメットと安全帯のほかにも色々支給されただろ。

**電治郎**：手袋、ゴーグル、長靴…ですかね。これがホゴグなんですか？

**桜井先輩**：全部そうだよ。手袋は**セッソウボウシ**のものだし、**ゴーグル**も目を保護するだろ。長靴も今履いている安全靴と同じように先端に鉄板が入っているよな。

（全部そうだよ。手袋は**切創防止**のものだし、**ゴーグル**も目を保護するだろ。長靴も今履いている安全靴と同じように先端に鉄板が入っているよな。）

**電治郎**：本当だ！気づきませんでした。

**北川社長**：ほかに**ボウジンマスク**などもある。今着ている作業服も保護具の一種だぞ。決して腕まくりなどして作業をするんじゃないぞ。

（ほかに**防塵マスク**などもある。今着ている作業服も保護具の一種だぞ。決して腕まくりなどして作業をするんじゃないぞ。）

**電治郎**：建設業って、やっぱり危険なんですね。

**北川社長**：危険な作業だが、しっかり準備して臨めば安全に作業できる。KY、保護具の装着、作業前の**シサコショウ**が大事なんだ。桜井、しっかり指導していけよ。

（危険な作業だが、しっかり準備して臨めば安全に作業できる。KY、保護具の装着、作業前の**指差呼称**が大事なんだ。桜井、しっかり指導していけよ。）

**桜井先輩：**わかりました！

---

### 用語解説

**【保護具】**

体を守る装備品はすべて保護具となる。電気工事の場合は、物理的な損傷から体を守る以外にも、電気的な損傷からも体を守る必要があるため、適切な保護具を選ぶ必要がある。

**【ゴーグル・シールド】**

顔に密着させる形で装着するゴーグルのほかに、「シールド」と呼ばれる、前面からの飛来物から身を守る装備品も存在する。最近では、シールドがヘルメットに内蔵されている製品も増えてきて、非常に使いやすくなっている。ただし、シールドでは横からのホコリや粉末の侵入は防げないため、粉塵が舞う場所などではゴーグルの装着が必須となる。

**【切創防止手袋】**

刃物などでついた傷を「切創」と呼ぶ。その切創を防止するための手袋で、金属繊維が編み込まれている。強度によってレベルが分けられている。

**【防塵マスク】**

チリ、ホコリのことを「塵」や「塵埃」と呼ぶ。一般的なマスクに比べて、塵埃を防ぐ性能が高いマスクが「防塵マスク」で、性能によって区分されている。

**【指差呼称】**

「ゆびさし呼称」とも呼ばれる、作業前など要所要所で危険ポイントや対象物を、指で指して声に出して確認する行為のこと。

---

 ## ワンポイント解説

### 危険な場所は安全

　建設工事では、よく「怖いと思っているうちは、怪我はしない」と言われます。免許取り立ての新人ドライバー同様、慣れた頃が一番危なく、慣れ・油断はいつでも事故原因の上位を占めます。朝のKYや指差呼称も極端に言ってしまえば、改めて怖がるための作業です。保護具を身に着けることは身を守るほかに、気を引き締める意味もあります。常に健全に怖がって作業をするように心掛けましょう。

# 情報コラム

**安全衛生教育**

　「事業者は、労働者を雇い入れたときや、労働者の作業内容を変更したときには安全又は衛生のための教育を行わなければならない。」と労働安全衛生法第59条の1、2で定められています。新規入場者教育は、その「作業内容を変更したとき」に義務付けられている安全教育ということになります。

　だとすると、送り出し教育との違いは？と疑問に思う人もいるかもしれません。結論から言ってしまえば、法律上での明確な違いはありません。送り出し教育も、前述の労働安全衛生法に基づく教育です。

　少し話が脱線しますが、新規入場者教育は元請事業者に義務付けられたものではありません。労働安全衛生規則第642条の3を抜粋すると「（…前略…）関係請負人がその労働者であつて当該場所で新たに作業に従事することとなつたものに対して（…中略…）当該周知を図るための場所の提供、当該周知を図るために使用する資料の提供等の措置を講じなければならない。ただし、当該特定元方事業者が、自ら当該関係請負人の労働者に当該場所の状況、作業相互の関係等を周知させるときは、この限りでない。」とあります。なので、元請事業者の本来の義務は、場所や資料の提供のみで、新規入場者教育を行うのは、その労働者を雇用する事業者ということになります。ただ、現場のルールや注意ポイントなどは、当然元請事業者の方が詳しく、説明も容易にできるため、新規入場者教育は元請事業者が行うのが一般的です。

　そのような状況の中で、「事業主は何をやっているのか？」という事業主側の安全配慮義務を問う声が上がり、事業主の責務として送り出し教育を求める流れが出てきました。端的に言うと、送り出し教育の方が後で生まれたのです。

　様々なやり方がありますが、工具や足場の使い方など、どの現場でもある程度共通する安全教育や、当該現場への通勤ルートや作業開始時間などの説明は送り出し教育で行い、当該現場の特殊事項は新規入場者教育で行うやり方が一般的です。新規入場者教育時には、現場内のことのほかに騒音規制や現場近傍の交通ルールなど、近隣住民との間で結んだ協定（通称：近隣協定）の内容なども説明されます。

# 工事 編

☑ 躯体工事
☑ 土工事
☑ 内装工事
☑ 露出工事
☑ 電気結線工事

電気工事の最前線！
きちんと施工図を読んで、
正確に、品質の良い工事が
できるように精進しよう。

# 1 スラブ配管 1.1 きれいに流そう

**桜井先輩**：電治郎、**スラブ配管**は、はじめてだよな。

（電治郎、**コンクリート埋設配管工事**は、はじめてだよな。）

**電治郎**：スラブ?? はじめてです。

**桜井先輩**：じゃあ、簡単な工事からやってみようか。ここから**EPS**の場所まで**200ピッチ**で**CD22**を4本**流して**おいてよ。

（じゃあ、簡単な工事からやってみようか。ここからEPSの場所まで**配管同士の離隔を200mm確保してCD管のサイズ22を4本埋設配管**しておいてよ。）

**電治郎**：200ピッチ？ 22？流す？
　　　　…わかりました。やってみます。

**桜井先輩**：4本を**伏せる**場所は、事前に俺が**墨を出して**いるから、それ目がけて流していけばいいから。よく長さとか考えてやらないと無駄に**カップ**を使うことになるぞ。

（4本の**配管ルートの出口をつくる**場所は、事前に俺が**目印を付けて**いるから、それ目がけて流していけばいいから。よく長さとか考えてやらないと無駄に**カップリング**を使うことになるぞ。）

**北川社長**：桜井、鉄筋の歩き方も教えてやれよ。昔の桜井みたいに変なとこ踏んで、転んで怪我させるなよ。

**桜井先輩**：社長、昔の話は止めましょうよ（苦笑）。

スラブ配管状況

## 用語解説

**【スラブ】**

直訳すると「平板」の意味だが、建設業で「スラブ」と言うと、一般的にコンクリート製の床（または天井）を指す。

**【埋設】**

土のイメージだが、コンクリート内に配管を設置する際にも使う。

**【EPS】**

Electric Pipe Shaft（Space）の略。建物を上下に貫通する電気配線スペースのこと。ここを中心に様々な機器へケーブルなどが配線される。

**【配管同士の離隔】**

配管を密集させると、当然その部分は空洞となり、当該部分のコンクリートが弱くなってしまうので、配管同士の離隔を取る必要がある。

**【墨出し】**

工事を行う際は、天井に付ける器具の取り付け位置や、壁に入れるボックスなどの位置を事前にスラブにマーキングして工事にあたる。これを昔ながらの大工用語にちなんで「墨を出す（墨出し）」と言う。

**【伏せる】**

床の仮枠に「エンド」という部材を取り付け、天井スラブからの配管ルートの出口を作ること。その見た目の形状から「伏せる」と呼ばれる。

エンド

カップリング

**【カップリング】**

同サイズの配管同士を接続させる部品のこと。

 ## ワンポイント解説

### CD管とPF管

　一般的にスラブ配管に使われる配管にはCD管とPF管があります。似たような配管ですが決定的な違いとして、使用場所に制限を受けないPF管と違い、CD管は電線管としてはコンクリートの中でしか使えません。使用場所を間違えないようにしましょう。なお、間違い防止のため通常CD管はオレンジ色をしています。

踏んじゃダメ！

### 鉄筋の上を歩く場合

　鉄筋は十字に結束してあるので、下側の鉄筋を踏むと、結束が切れてしまいます。注意して歩きましょう。

# 1 スラブ配管 1.2 しっかり結束

**電治郎：** 桜井先輩、配管、流し終わりました。

**桜井先輩：** なんかヨレヨレだなぁ。あ、配管を**結束**してないじゃないか。

**電治郎：** 結束って何ですか？

**桜井先輩：** 配管を鉄筋に固定することだよ。

**電治郎：** コンクリートの中に入って固まってしまうんだから、固定する必要なんてないのでは？

**桜井先輩：** 結束しておかないと**コン打ち**の時に流されて、下手したら抜けてしまうだろ。説明は後でするから、ちょっと**ハッカー**を貸して。

（結束しておかないと**コンクリート打設時**に流されて、下手したら抜けてしまうだろ。説明は後でするから、ちょっと**鉄筋結束のための専用工具を**貸して。）

**北川社長：** 結束も知らない電治郎がハッカーなんて持っているわけがないだろう。わしのを貸してやるから、実際にやって見せろ。ここの現場の施工要領は、**ウワキン**に結束だから間違うなよ。

（結束も知らない電治郎がハッカーなんて持っているわけがないだろう。わしのを貸してやるから、実際にやって見せろ。ここの現場の施工要領は、**スラブに2段で組まれている鉄筋の上段側に結束**だから間違うなよ。）

結束状況（下筋結束）

## 用語解説

**【結束】**
鉄筋同士や、鉄筋と配管を「結束線」と呼ばれる鉄製の細い番線（針金）などで縛り付けること。

**【コンクリート打設】**
生コンクリートと呼ばれる、固まる前のコンクリートを床などに流し込んでいくことを「コンクリートを打設する」、「コンクリートを打つ」などと言う。後者の言い方を省略して「コン打ち」などと言われることも多い。

コンクリート打設状況

**【ハッカー】**
鉄筋を結束するための専用工具。「く」の字型をしており、曲がり点から先を回転させて、先端のかぎ状の部分に結束線を引っ掛けて縛り上げていく。

ハッカー

 ## ワンポイント解説

### ダブル筋・シングル筋、上筋・下筋

　鉄筋コンクリート造の床スラブにおいて、鉄筋が2段に組まれる場合を「ダブル（配）筋」、1段の場合を「シングル（配）筋」と呼びます。ダブル筋の場合は、そのままですが上側を「上（端）筋」、下側を「下（端）筋」と呼びます。文中のように上筋に結束する場合は、以下のようなイメージになります。

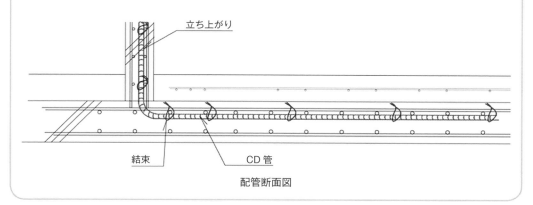

立ち上がり

結束　　　　CD管

配管断面図

# 1 スラブ配管 1.3 合番で確認

**桜井先輩：**昨日は、配管固定のやり直しで残業になっちゃったな。

**電治郎：**社長からお下がりのハッカーをもらいましたし、今度からはバンバン結束していきますよ！

**桜井先輩：**調子がいいやつだなぁ。今度からはしっかり頼むよ。そんなことよりまずは、今日の**コン打ち合番**をしっかりとやってくれよ、頼むな。

（調子がいいやつだなぁ。今度からはしっかり頼むよ。そんなことよりまずは、今日の**コンクリート打設時の立ち合い作業**をしっかりとやってくれよ、頼むな。）

**電治郎：**合番って何ですか？

**北川社長：**コンクリートを打設する時に、立ち会って問題がないかを確認するんだ。

**桜井先輩：シメカタメ**作業中の**バイブガケ**の時にバイブが当たってエンドが外れたりするから、しっかり見ておいてくれよ。それと、**ドコウ**さんがCD管を踏んでいたら、注意して踏まないようにしてもらえよ。配管がつぶれて大変なことになるから。

（**コンクリートの均一化作業中のバイブレーターで振動を与える**時にバイブが当たってエンドが外れたりするから、しっかり見ておいてくれよ。それと、**土工**さんがCD管を踏んでいたら、注意して踏まないようにしてもらえよ。配管がつぶれて大変なことになるから。）

**電治郎：**（人の名前だよな）ドコウさんって誰ですか？

**桜井先輩：**人の名前じゃないよ。コンクリートの打設作業を行う職人さんのことだよ。

**北川社長：**電治郎、ちゃんと**安全長靴**に履き替えて合番に入るんだぞ。

　**電治郎：**長靴って少し、楽しい気分になりますよね。

**桜井先輩：**のんきなやつだな（笑）

**北川社長：**手袋もしっかりつけるんだぞ。間違ってもコンクリートを素手で
さわったりするんじゃないぞ。

---

### 用語解説

【コン打ち合番】
コンクリート打設時に立ち会うこと。文中のようにエンドやカップリングなどが外れると
配管ルートが無くなり、大きな問題になる。そのためトラブルが発生した場合は、コンク
リートが固まる前に修復作業を行わなければならず迅速に作業ができるように、立ち合い
が必要とされる。

【締固め】
固まる前のコンクリート（生コン）に振動を与え、気泡などを抜くことにより均質な強度の
高いコンクリートにするとともに、コンクリートを隅々まで行きわたらせる作業。

【コンクリートバイブレーター】
締固め作業において使われる、コンクリートに振動を与える道具。

【土工】
土の工と書くが、実際は土工事だけでなく、コンクリート打設や清掃などの場内整備を行
う職種が「土工」と呼ばれる。

【安全長靴】
先端に鉄板が入った長靴のこと。

---

 ワンポイント解説

**合番作業**

　合番は、コンクリート打設時にのみ使われる言葉ではありません。広い意味では、２つ
以上の職種が同時に作業することが「合番作業」と呼ばれます。様々な職種が存在する建設
業では、工程調整して他業種と作業時間やエリアが重ならないようにするのですが、どう
しても同時に作業を行う必要がある場合には合番作業が行われます。

# 2　壁打ち込み配管 2.1 取り付け場所をしっかり確認

**電治郎**：今日は壁のスラブ配管ですよね！

**桜井先輩**：壁のスラブ配管とは言わないけどな。まあ、いいや。

**電治郎**：何をすればいいですか？

**桜井先輩**：この**ヨンヨンボックス**を、そこのコンセントの墨が出してある場所に**打ち込んで**。

（この**中型四角アウトレットボックス浅型**を、そこのコンセントの墨が出してある場所に**取り付けて**。）

**電治郎**：44ボックスってこれですか？やってみます。

**桜井先輩**：立ち上げ配管はCD22が2本。そこは**打ちっぱなし**だから、しっかりと墨に合わせろよ。**トーミリ**ずれるだけで大変なことになるぞ。

（立ち上げ配管はCD22が2本。そこは**コンクリート仕上げ**だから、しっかりと墨に合わせろよ。10mmずれるだけで大変なことになるぞ。）

**北川社長**：おいおい、あんまり脅すなよ。**スタットバー**の固定の仕方もしっかり教えておけよ。

（おいおい、あんまり脅すなよ。**ボックス取り付け用部材**の固定の仕方もしっかり教えておけよ。）

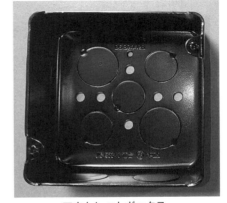

アウトレットボックス

## 用語解説

**【打ち込み】**

コンクリート内に配管やボックスを入れておくこと。もちろんコンクリート打設前に取り付ける。壁の施工に関しては、「打ち込み」ではなく、「建て込み」と言う場合もある。

**【打ちっぱなし】**

コンクリートの壁の前面に仕上げの壁をつくらず、コンクリートの素地がそのまま見える形で仕上げること。

**【基本単位mm】**

電気工事の施工の長さの基本単位はmm。cm（センチメートル）で話すと大きなトラブルになるので注意すること。

**【スタットバー ®】**

アウトレットボックス※を、鉄筋を利用して固定するための材料。未来工業（株）の商品名だが、同商品が非常に有名なため、類似の商品もこの名称で呼ばれることが多い。※ワンポイント解説を参照

打ち込み

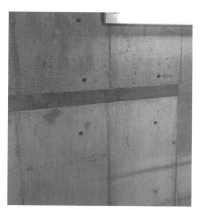

コンクリート壁

スタットバー

 **ワンポイント解説**

**アウトレットボックス**

　電線やケーブルの接続、取り出しなどを行うボックスで、コンセントやスイッチなどの取り付けにも使われるため、電気工事において非常によく使われます。ボックスのサイズが縦４インチ、横４インチであることから、中型四角アウトレットボックス浅型は「44（ヨンヨン）ボックス」と呼ばれます。縦横の大きさが同じで、深さの違うボックスもありますが、通常「44ボックス」と言う時は、文中のように浅型のものを指します。

## 2 壁打ち込み配管 2.2 色々な塗代

**電治郎：**桜井先輩、ボックスの取り付けが終わりました。確認をお願いします。

**桜井先輩：**ずいぶん早いけど、大丈夫か？

**電治郎：**サイズも確認して、ちゃんと44ボックスを打ち込んでいます。

**桜井先輩：**あちゃー。説明しなかった俺が悪いけど、**ヌリシロ**は？コンセント用ってことは言ったよな。これじゃコンセントが取り付けられないだろ。ガムテープも貼ってないし、**トロ**が入ってきて、**ハツリ**出す羽目になるぞ。

（あちゃー。説明しなかった俺が悪いけど、**塗代カバー**は？コンセント用ってことは言ったよな。これじゃコンセントが取り付けられないだろ。ガムテープも貼ってないし、**コンクリート**が入ってきて、斫り出す羽目になるぞ。）

**電治郎：**えー、ダメなんですか。ヌリシロってこれですか？

**桜井先輩：**違うよ、それ**マル**だろ。しかも**ヒラ**だし。コンセントは**コバン**を使うんだよ。あと、打ち込みに使う時は**13mm**を使って。

（違うよ、それ**丸型塗代カバー**だろ。しかも**平塗代カバー**だし。コンセントは**小判型塗代カバー**を使うんだよ。あと、打ち込みに使う時は**塗り縁の出っ張っているカバー**を使って。）

**電治郎：**いろんな種類があるんですね。覚えられるかなぁ。

**北川社長：**はじめは皆わからんよ。桜井、今度からは墨出しの時に使うボックスとヌリシロも書いておくようにしなさい。そうすれば電治郎もわかるだろう。

**桜井先輩：**そうですね。わかりました。

---

### 用語解説

**【塗代】**
コンセントなどの器具を取り付けるためのビス穴が付いた、アウトレットボックスに取り付けるカバーのこと。もともとはモルタルなどで壁の表面を仕上げる場合にボックスの周囲をきれいに仕上げられるように塗り縁（出っ張り）が付いており、その名残から「塗代」と呼ばれている。

**【トロ】**
本来、セメントと砂を水で練ったものの総称だが、固まる前のコンクリートも「トロ」と呼ばれることが多い。「ノロ」とも呼ぶ。

**【斫り】**
ノミやハンマーなどを用いてコンクリートを削り出す作業。

**【（塗代カバーの）丸型、小判型】**
丸型は70mmの丸穴に66.7mmピッチで器具の取り付け用ビス穴が設けられている。小判型は横50mm、縦80mm程度の穴に83.5mmピッチで取り付け用ビス穴が設けられている。丸型、小判型のほかにもコンセントやスイッチを2つ並べて取り付けることができる2個用型、大丸型など様々な種類の塗代カバーがある。また、塗り縁のない平らなカバーも存在する。※ワンポイント解説参照

塗代（小判型）

塗代（丸型）

---

 ### ワンポイント解説

**標準型13mmと平塗代カバー**

　塗代カバーは、打ち込み工事に使用する13mmの塗り縁があるタイプのものが一般的ですが、LGS壁への建て込み工事（後述）などで使用する、縁のない平型タイプの塗代カバーも存在します。縁がないので「塗代」カバーではないはずなのですが、慣習的に「平塗代カバー」と呼ばれています。

# 情報コラム

## アウトレットボックス

　電線やケーブルの接続や取り出し、スイッチやコンセントの取り付けに使われるアウトレットボックスには、様々な種類のものがあります。細かく分けるときりがないのですが、大きく分けると以下のような分類になります。

　縦横のサイズから中型が「44ボックス」と言われることは説明しました。しかし、ワンポイント解説でも触れましたが、通常「44ボックス」と言えば中型の浅型を指し、同じ縦横サイズの中型四角深型は「44の深（フカ）」と呼ばれることが多いです。また、大型四角深型は「55（ゴーゴー）ボックス」と呼ばれることが多いですが、サイズは縦・横4.6インチ（119mm）で5インチではありません。

　ちなみに、44ボックスなど浅型のアウトレットボックスの深さは、なんと丁度44mm、55ボックスなど深型のアウトレットボックスの深さは、残念ながら（？）54mmです。

　中浅、中深、大浅、大深の順に「44」、「45」、「54」、「55」などと呼ばれることもあります。ということは、45ボックスは縦横4インチの深さ54mmのボックスということになります。ややこしいですね。

　ただ、実際の施工で主に使うボックスは中浅型と大深型なので、これを読んで不安になって必死に暗記する必要はありません。44と55のイメージだけぼんやりと持っていれば大丈夫です。

## アウトレットボックス

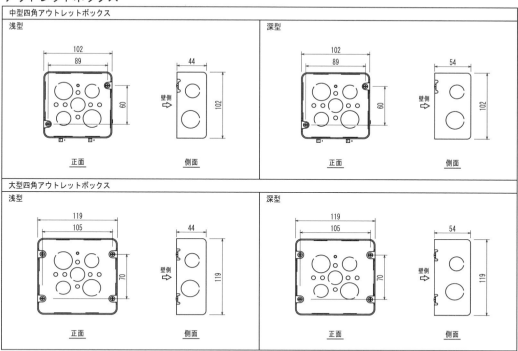

中型四角アウトレットボックス

浅型 / 深型

大型四角アウトレットボックス

浅型 / 深型

## 塗代カバー

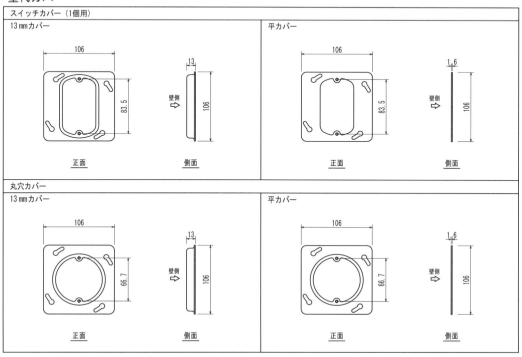

スイッチカバー（1個用）

13 mmカバー / 平カバー

丸穴カバー

13 mmカバー / 平カバー

# 3 梁スリーブ工事 3.1 寄りとレベルをしっかり見て

**桜井先輩：** 今日の仕事は、**ハリスリーブ取り付け**工事だ。はじめてだよな。

（今日の仕事は、**梁を貫通させる穴を作っておく**工事だ。はじめてだよな。）

**電治郎：** 言葉を聞くのもはじめてです。

**桜井先輩：** 自分で図面を見て、この**75パイ**のスリーブ4本を取り付けてみて。**ヨリとレベル**をしっかり確認してから、取り付けるんだぞ。それから、使う材料は、この**カミボイド**な。

（自分で図面を見て、この**直径75mm（75φ）**のスリーブ4本を取り付けてみて。**平面的な位置と取り付ける高さ**をしっかり確認してから、取り付けるんだぞ。それから、使う材料は、この**紙製の円形型枠（ボイド管）**な。）

**電治郎：** できました。今度はトロが入らないように、端にしっかりガムテープを貼りました。

**桜井先輩：** お〜、成長しているな。でも、紙ボイドを無理やり押し込んでないか？曲がっているし、鉄筋と近過ぎて**かぶり不足**になっているぞ。

（お〜、成長しているな。でも、紙ボイドを無理やり押し込んでないか？曲がっているし、鉄筋と近過ぎて**鉄筋とコンクリート表面の距離が短くなって**いるぞ。）

**北川社長：** 桜井、言うだけじゃわからんよ。手本を見せないと。

**桜井先輩：** そうですね。じゃあ電治郎、一緒に確認してみよう。

紙ボイド管

## 用語解説

【梁】
床や屋根などを支える構造体。

【スリーブ】
直訳すると「袖」の意味だが、建築工事では梁や壁、床などの建築物に開けた穴、または穴を開けておくために設置する材料のことを言う。

【φ】
直径を表す記号。本来の読みは「ファイ」だが、建設業界では「パイ」と呼ばれる。

【寄り・レベル】
ある対象物からの水平距離を「寄り」または「はなれ」などと呼ぶ。床面などからの垂直距離は、「レベル」またはそのままだが「高さ」と呼ばれる。

【(紙)ボイド管】
コンクリート打設前に、穴を開けておくために使用されるスリーブで、紙製のものを「(紙)ボイド管」と呼ぶ。通常、コンクリートが固まった後に撤去され、丸穴の空間(スリーブ)が残る。

---

 ## ワンポイント解説

### かぶり不足は、なぜいけないのか

　鉄筋は、アルカリ性のコンクリートに包まれていることで酸化せず長期的に強度を保っています。そのため、空気に触れているコンクリート表面から鉄筋までの距離、いわゆる「かぶり」が少ないと、表面のひび割れなどから水が浸入するなどして、鉄筋が錆びて劣化が進んでしまう可能性があります。スリーブを入れた部分は、コンクリート打設後には当然空洞になるため、しっかりとかぶりが取れるような場所にスリーブを取り付ける必要があります。

紙ボイド管

スリーブ取り付け

# 3 梁スリーブ工事 3.2 通り芯と返り墨

**桜井先輩**：まずは電治郎がやったのを見てみるか。最初に墨を出しておいたから鉄筋は当たらないはずだけど…。あーっ、取り付け位置が違うじゃないか。

**電治郎**：えっ？ちゃんと図面通り、そこの3番の**通り芯**から1,500mmの位置に取り付けましたよ。

**桜井先輩**：それは**メーター返り**だよ。だからずれているのか。レベルも違う気がするなぁ。これ、**どこから追った**？

（それは1mの返り墨だよ。だからずれているのか。レベルも違う気がするなぁ。これ、どこから測って、寸法を出した？）

**電治郎**：追う？

**桜井先輩**：図面に**1FLプラス**3,000mm って書いてあるだろ。どこから測って、いくつの高さに取り付けたんだ？

（図面に1階の基準の床高さ（1FL）3,000mm って書いてあるだろ。どこから測って、いくつの高さに取り付けたんだ？）

**電治郎**：ちゃんと床から測って3,000mmの位置に取り付けましたよ。

**北川社長**：電治郎、ここのコンクリート床レベルは1FLマイナス100なんだよ。桜井、床のコンクリートがFLプラスゼロでないことを、ちゃんと教えてないだろう。もういい、わしが説明しよう。

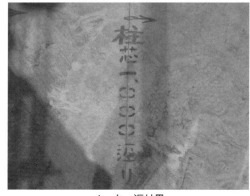
メーター返り墨

## 用語解説

【通り芯】
建物をつくる（図面を描く）際に平面的な基準となる線。通常、柱の中心（芯）を通り芯とすることが多く、それぞれの通り芯には、通し番号が割り当てられる。

【返り墨】
通り芯は、柱の中央や壁の中央に設定されているため、実際の通り芯部分の床に表示することはできない。そのため、通り芯から、任意の距離に離した場所に、通り芯と平行な返り墨を表示する。

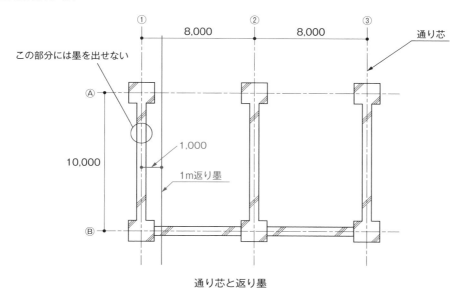

通り芯と返り墨

【追う】
基準となるところから寸法を出すこと。

【○FL】
建物の床の高さは場所によって違う。そのため、基準となる床高さをあらかじめ設定しておく。最終的な高さは「○FLプラス（マイナス）1,000mm」のように表現される。

 ワンポイント解説

### FLとSL

　「FL（Floor Level）」は、文中の通り、その階の基準の床高さを示します。一方、電治郎が寸法を出す基準として間違ってしまったコンクリート床の高さは「SL（Slab Level）」と呼ばれます。通常、居室などは、コンクリートのスラブの上に仕上げ材を設置して最終的な床にするので、FL≠SLになります。

## 3　梁スリーブ工事　3.3 シビアに墨を出そう

**北川社長：**桜井、**レーザー**を持って来てセットしてくれ。

（桜井、**レーザー墨出し器**を持って来てセットしてくれ。）

**桜井先輩：**社長、セットしました。

**北川社長：**そしたら、そこの**ロクズミ**に合わせてくれ。**いくつと出ている**？

（そしたら、そこの**高さの基準になる線（陸墨）**に合わせてくれ。**いくつだと書いてある**？）

**桜井先輩：**1FL プラス 1,000mm です。

**北川社長：**電治郎、こうやって基準の高さを確認して、そこから寸法を追わないといけないんだ。桜井、わしがレベルを出すから、**スケール**を持ってレーザーに合わせてくれ。

（電治郎、こうやって基準の高さを確認して、そこから寸法を追わないといけないんだ。桜井、わしがレベルを出すから、**金属製巻き尺**を持ってレーザーに合わせてくれ。）

**桜井先輩：**はい、**100切り**！

（はい、**100mm の目盛り**にレーザーを合わせました！）

**北川社長：**じゃあ 2,100 だな。よし OK。電治郎、墨は出しておいたから、この位置に取り付けてみなさい。

**電治郎：**（1,000mm+2,100mm で、3,100mm になるんじゃないのかなぁ…）あっ、はい、わかりました。

※ワンポイント解説参照

100 切りのやり方

## 用語解説

**【レーザー墨出し器】**

レーザー光を垂直や水平に出すことができる機械。基準となる墨に合わせてセットすることで、周囲の壁や床、天井など離れた場所に基準の墨を出すことができる。

**【陸墨】**

基準となる高さが出してある墨のこと。この墨を基準に作業をすることにより、遠く離れた場所でも高さを揃えることが可能になるので、配管などを水平に敷設することができる。「腰墨」などとも呼ばれる。

レーザー墨出し器

**【スケール】**

金属製の巻き尺は、本来は「コンベックス」と言うが、ほとんどは「スケール」と呼ばれている。世間一般で使われる「メジャー」という言い方は、建設業では使われない。

---

##  ワンポイント解説

### 「○○切り」とスケールの構造

　スケール（コンベックス）は、先端がL字に曲がっているのが特徴です。これは、引っ掛けて寸法を測りたい時に便利なためです。ただ、押し当てて寸法を測る場合もあるため、先端部の厚み分の誤差が出てしまいます。それを解消するために、先端部は1mm強スライドするような構造になっています。そのため、正確に寸法を出したい場合は、文中のように、先端部から少し離れた、目盛りの中間点である100mm（10cm）の部分をレーザーや墨の出ている部分に合わせて計測します。そのため、出したい寸法に100mm足した目盛り部分が本当に寸法を出したい場所になります。文中で北川社長が「じゃあ2,100だな」と言っているのはそのためです。ちなみに、先端を墨に当てる場合は「0！」と声を掛ける場合が多いです。

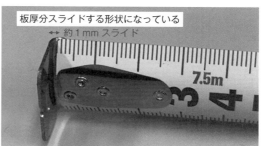

板厚分スライドする形状になっている
←→ 約1mmスライド

スケール

## 4　床スリーブ工事 貫通枠って何？

**桜井先輩：**今日は床スリーブ工事だな。電治郎、材料置き場に**カンツウ枠**があっただろ。今日の工事で使うから、持って来て。

（今日は床スリーブ工事だな。電治郎、材料置き場に**角型鋼製スリーブ**があっただろ。今日の工事で使うから、持って来て。）

**電治郎：**カンツウ枠って何ですか？材料置き場に枠なんてないですよ。四角い鉄の箱ならありましたけど。

**桜井先輩：**それが貫通枠だよ。四角い形でもスリーブって言うんだ。じゃ、取り付け位置の墨を出してみて。

**電治郎：**出しました。

**桜井先輩：**　**片追い**で出すと間違いのもとだぞ。**ハリヅラ**からの寸法も確認してみて。

（片側からのみの寸法出しで出すと間違いのもとだぞ。**梁の側面**からの寸法も確認してみて。）

**電治郎：**梁ですか？梁からの寸法なんて図面に載ってないですよ。

**桜井先輩：****サンスケ**であたってみればいいよ。梁ヅラから500mmか、合ってるな。よし、墨通りに取り付けていいぞ。

（三角スケールを使って**寸法**を測ってみればいいよ。梁ヅラから500mmか、合ってるな。よし、墨通りに取り付けていいぞ。）

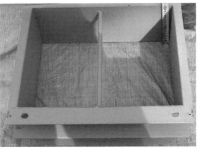

貫通枠

## 用語解説

### 【貫通枠】

床や壁などに四角い穴を開ける時に使用する角型のスリーブ。単に「貫通枠」と言うと鋼製を指すことが多い。コンクリート打設後も取り外されず残置される。

### 【片追い】

ある一方から寸法を出すこと。または、一度出した墨を基準に次の寸法を出すことを言う。簡便なやり方だが、合っているかのチェックがやりにくく、また一度間違えると、それ以降の墨も間違う危険性がある。

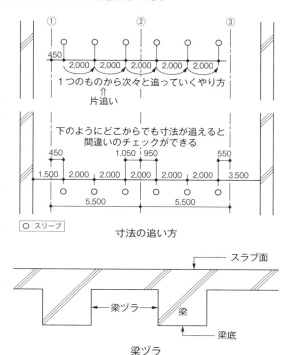

1つのものから次々と追っていくやり方
↑
片追い

下のようにどこからでも寸法が追えると
間違いのチェックができる

○ スリーブ

寸法の追い方

### 【梁ヅラ】

面になっているものの端は、建設業では面（メン）のほかに「ツラ（ヅラ）」とも呼ばれる。類似語に壁ヅラ、柱ヅラなどがある。梁の底部も面ではあるが、その部分は「梁底」と呼ばれる。また、「○○ヅラ」は寸法を測る時の表現で使われることが多く、「梁ヅラに器具を付ける」などとは、あまり言わない。

スラブ面

梁ヅラ

梁

梁底

梁ヅラ

### 【あたる】

図面上で三角スケールなどを用いて寸法を測って調べる行為。この「あたる」という表現は、何かを調べたり確認したりする際によく使われる。

 ## ワンポイント解説

### 便利な三角スケール

　サンスケとはその名の通り、三角柱の形をした定規（スケール）のことです。それぞれの面の両側に2つ、合計6つ、異なる縮尺の目盛りが書かれています。図面が描かれている縮尺に合わせて、使用する目盛りを変えて寸法を測ります。1/100、1/200、1/300、1/400、1/500、1/600の縮尺の目盛りが振られていることが多いですが、1/400の部分が1/250になっているものもあります。

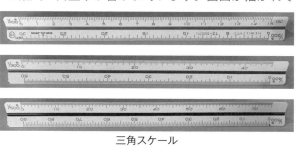

三角スケール

## 5 インサート取り付け 在来用とデッキ用

**桜井先輩：** じゃあ、次は**インサート取り付け**に移るか。材料を持って来て。**サンブ**20個と**ヨンブ**10個な。

（じゃあ、次は雌ネジをコンクリート内に取り付ける工事に移るか。材料を持って来て。3/8インチ20個と1/2インチ10個な。）

**電治郎：** （これかな？）はい、持って来ました。

**桜井先輩：** それは**ザイライ**用だよ。ここは**デッキ**だから、デッキ用のインサートを持って来ないと。

（それは**在来工法**用だよ。ここは**デッキ工法**だから、デッキ用のインサートを持って来ないと。）

**電治郎：** そうなんですか。使う材料が違うんですね。

**桜井先輩：** 説明しなかった俺が悪かったな。俺が持って来るから、その間に墨出ししといて。全部出したら、通り芯か梁ヅラからの寸法を測って、その数字と図面上で**ブイチ**であたった寸法がずれていないかチェックしてみて。

（説明しなかった俺が悪かったな。俺が持って来るから、その間に墨出ししといて。全部出したら、通り芯か梁ヅラからの寸法を測って、その数字と図面上で**分一**であたった寸法がずれていないかチェックしてみて。）

**電治郎：** ブイチ？

**桜井先輩：** サンスケを持ってるだろ。それであたってみればいいよ。

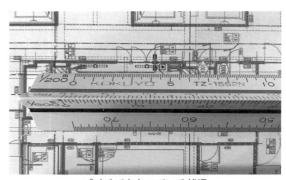

ブイチであたっている状況

## 用語解説

### 【インサート】

コンクリート打設前にコンクリート内に取り付ける雌ネジ部材。サイズや引き抜き強さなど様々な種類がある。在来工法用インサートは、仮枠材に付属の釘を打ちつけて固定する。デッキ用は、デッキに穴を開け、その穴にインサートを差し込むことで固定する。

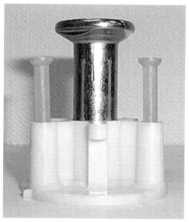

インサート　左：在来工法用　右：デッキ工法用

### 【3分（W3/8）、4分（W1/2）】

建設業でよく使われるウィットネジのサイズの呼び方に用いられる。1インチ（約25.4mm）を8分の1にしたものを「1分」と呼び、その3倍のサイズのものを「3分」、4倍のものは「4分」と呼ばれる。

### 【分一】

「何分の一」の略。図面に寸法が記載されていない箇所を直接、三角スケールなどで測って長さを調べる（確認する）ことを「分一であたる」などと言う。

##  ワンポイント解説

### 在来工法とデッキ工法

　かつては、コンクリートを打設する際の仮枠材（型枠）は木製の合板のことが多かったのですが、近年は工期短縮や廃材の低減のため「デッキ」と呼ばれる、解体を必要としない鉄製の床が用いられることが多いです。

　一口に「デッキ」と言っても、コンクリート打設面がフラットになるフラットデッキや、最初から鉄筋が一部セットされているようなフェローデッキなど様々な種類があります。

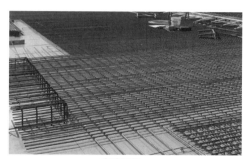

在来工法

デッキ工法

# 1 接地工事 1.1 色々な種類、棒と板

**電治郎：**今日は新しい現場ですね。桜井先輩が朝礼で、作業内容を「設置工事」って言ってましたけど、こんな土だらけのところに何を取り付けるんですか？

**桜井先輩：**設置じゃなくて、アース工事の**接地**だよ。

**電治郎：**アース工事の接地って何ですか？

**桜井先輩：**一言で説明するのは難しいけど、いろんな目的のために電気回路を大地（アース）と接続する経路を作る工事だよ。ま、いずれわかるよ。今日は、**A**、**B**を各１つ、**D**を２つだ。

（一言で説明するのは難しいけど、いろんな目的のために電気回路を大地と接続する経路を作る工事だよ。ま、いずれわかるよ。今日は、A種接地、B種接地を各１つ、D種接地を２つだ。）

**電治郎：**A、B、D ２つ?? え、４つもあるんですか？

**桜井先輩：**少ない方だよ。しかも、ここの**キョク**は**棒**を使う仕様だからな。**板**より全然マシだよ。

（少ない方だよ。しかも、ここの**接地極**は**接地棒**を使う仕様だからな。接地銅板で施工するより全然マシだよ。）

**電治郎：**そんなもんですか。

**桜井先輩：**ほら、しっかり打ち込めよ。**落ちなかったら**板に変更しなきゃならなくなるぞ。

（ほら、しっかり打ち込めよ。**接地抵抗が基準値より低くならなかったら**板に変更しなきゃならなくなるぞ。）

接地工事の様子

## 用語解説

**【接地工事】**
（せっちこうじ）

接地工事の種類は、目的によってＡ種接地工事・Ｂ種・Ｃ種・Ｄ種と４種類に分かれ、それぞれ必要とされる接地抵抗値は異なる。種類の概略としてＡ種、Ｃ種、Ｄ種の３つは、感電および火災事故防止のために施され、Ｂ種は、変圧器内にトラブルが発生した場合の機器の保護のために施される。Ａ種、Ｄ種は通信機器のノイズカットや安定動作のために施される場合もある。

**【接地極】**
（せっちきょく）

接地工事の接地線が最終的に大地とつながる部分。

**【接地棒・接地銅板】**
（せっちぼう）（せっちどうばん）

接地棒：直径８〜16mm程度で、長さ１〜1.5m程度の、表面が銅で被覆された鋼製の棒。１本を地中に打ち込んだだけでは基準の抵抗に下がらない場合に備えて、連結して使用できるタイプのものが主流。「アース棒」とも呼ばれる。

接地銅板：600×600mmまたは900×900mmの銅製の板。重機などで地面を掘り起こして土の中に埋設して使用する。「アース板」とも呼ばれる。

接地棒　　　　　　接地銅板

 **ワンポイント解説**

**試し打ち**

　接地工事を施した場合に得られる接地抵抗は、そのエリアの水位や近隣工事の施工実績からおおよその推測はできるものの、細かいことはやってみないとわからないというのが正直なところです。

　接地抵抗は、接地種別により定められた値以下にする必要があるので、いざ工事を始めた際にその数字まで下がらないと全体の工程に影響する大きな問題になりかねません。ギリギリのスケジュールで施工せず、余裕のある時に可能な場所で試し打ちをするなどして、作業時間や必要材料のおおよその目安をつけておきましょう。

# 1 接地工事 1.2 工具を使って打ち込もう

**電治郎：** 桜井先輩、接地棒がこれ以上入っていきません。

**桜井先輩：** さすがに大ハンマーじゃ厳しいか。ちょっとそこの**ピック**を取って。　―ドドドドッ―　ほら、入ったよ。

（さすがに大ハンマーじゃ厳しいか。ちょっとそこの**電動ハンマー**を取って。　―ドドドドッ―　ほら、入ったよ。）

**電治郎：** 桜井先輩、ずるいですよ。そんな便利な道具を隠しているなんて。

**桜井先輩：** 隠してないよ。そもそも電治郎は、まだ使いこなせないだろう。ブツブツ言わずに早く測定してみな。これはA種だから10Ω以下ならOKだな。10Ω以下だったら、そこの**IV**とつなぐから。

（隠してないよ。そもそも電治郎は、まだ使いこなせないだろう。ブツブツ言わずに早く測定してみな。これはA種だから10Ω以下ならOKだな。10Ω以下だったら、そこの**ビニール絶縁電線**とつなぐから。）

**電治郎：** これですか？

**桜井先輩：** それは5.5**スケ**。そんなに細いわけないだろう。22**スケ**の方だよ。**つぶす**のは俺がやるから、**Tコン**を用意しておいて。

（それは5.5mm$^2$。そんなに細いわけないだろう。22mm$^2$の方だよ。**圧縮接続**は俺がやるから、**T型コネクタ**を用意しておいて。）

**電治郎：** （どこをつぶすんだろう？）

**北川社長：** 桜井、サイズも指定しないで電治郎が材料を持って来られるわけがないだろう。そもそも必要サイズは、わかっているのか。

**桜井先輩：** わかってますよ。今回はT44ですよね。電治郎、Tの44を持って来て。

## 用語解説

### 【電動ハンマー】

電動ドリルや振動ドリルと似たような形状だが、打撃機能に特化した、やや大型な電動工具。一般的にはノミ形状のビット（先端部分）を取り付けて、コンクリートの斫り工事などに使われることが多い。

### 【ビニール絶縁電線（IV）】

銅線の周囲がビニールで絶縁処理された、最も一般的な絶縁電線。

### 【〇〇スケ（スケア）】

ケーブルのサイズは種類によって違うが、直径や断面積で表される。断面積で表す場合の「square mm²」の「スクエア」が短縮されて、「スケア」や「スケ」などと呼ばれる。

### 【圧縮接続】

電線と端子や、複数の電線を強力な力で押しつぶして接続させる工法。それぞれの状況に応じた適正サイズの工具を使用する必要がある。

### 【T型コネクタ】

電線同士を分岐する際に用いられる材料。ケーブル同士を添わせてT型コネクタの内側に入れ、圧縮して接続する。

T型コネクタ

##  ワンポイント解説

### T型、C型？

　T型コネクタの断面は写真の通り、アルファベットのCのような形状をしています。なのに、なぜ「T型」と呼ばれるのか、それは接続後の配線形状にあります。T型コネクタは、ケーブルの末端ではなく、途中から別の電線を分岐するための部材です。その分岐された後の配線形状が、アルファベットのTに見えることから「T型コネクタ」と呼ばれます。ただ、C型コネクタという部材も存在します。詳細は割愛しますが、混乱しないようにしてください。T型コネクタとC型コネクタはまったく別のものです。

## 1 接地工事 1.3 しっかりつないで

**電治郎：**桜井先輩、つなぐ準備ができました。

**桜井先輩：**あー、惜しいな。**リード**が足りないよ。電治郎は、IVとアース棒をどうやって接続するつもりだったんだ？

（あー、惜しいな。**リード端子**が足りないよ。電治郎は、IVとアース棒をどうやって接続するつもりだったんだ？）

**電治郎：**桜井先輩が「つぶす」って言ったから、棒の頭をガンガンつぶしてつなぐのかと思っていました。

**桜井先輩：**そんなわけないだろ。つぶすっていうのは、**アッシュクキ**を使って、その**Tコンをかしめる**ことを言うんだよ。やってみるか？

（そんなわけないだろ。つぶすっていうのは、**圧縮機**を使って、その**T型コネクタで接続する**ことを言うんだよ。やってみるか？）

**電治郎：**はい、やってみます。わー、なんだか不思議な感覚ですね。

**桜井先輩：**すぐに慣れるよ。つなぎ終わったら、しっかり**エフコ**を巻いておいてくれよ。

（すぐに慣れるよ。つなぎ終わったら、しっかり**自己融着テープ**を巻いておいてくれよ。）

**北川社長：**こら、いつも言っているが、手本を見せてやらないか。しっかり巻いておかないと、そこから水がしみ込んで建屋の内部まで上がってきてしまうぞ。大事な施工なんだから、いきなりやったことがない電治郎にやらせるんじゃない。

**桜井先輩：**そうですね。電治郎、まずやって見せるからしっかり見てるように。

## 用語解説

### 【リード端子】

アース棒の連結部などに取り付けてIV などの接地線と接続する部材。

### 【圧縮機（圧着機）】

非常に強い力が必要な圧縮工事や、後述する圧着工事においては、ペンチ型の工具も存在するが、人力で施工するには限界があり、大きなサイズの接続には油圧式や電動式の工具が用いられる。

### 【かしめる】

簡単に表現すると「接続する・固定する」という意味だが、破壊することでしか取り外せない接続工法の場合に、この表現が使われる。

### 【自己融着テープ】

粘着剤が塗布されておらず、引っ張りながらテープ同士を重ねて巻くことで、テープ同士が貼りついていく性能を持ったテープ。密着性が高いので非常に防水性に優れる。古河電気工業（株）が製造する「エフコ®テープ」が非常に有名なので、文中のように商品名で呼ばれることが多い。

リード端子

電動圧着機

 ワンポイント解説

### 圧縮接続と圧着接続

　専用工具を用いた電線の接続方法には、大きく分けて圧縮工法と圧着工法の2つがあります。

　大まかに説明すると、圧縮工法は全体を均等に押しつぶして接続させ、圧着工法は一部分を強く押すことによって接続します。文中では圧縮工事の例を挙げましたが、一般的な電気工事での接続では、圧着工法が多く使われています。

# 2　引き込み工事 2.1 地中スリーブを取り付けよう

**桜井先輩：**今日は地中スリーブ工事だ。

**電治郎：**スリーブ工事ですか。じゃあ、紙ボイドを持って来ますね。

**桜井先輩：**違う違う。今日は**引き込み**用の地中スリーブだから、**チュウテッカン**を使うんだ。材料置き場に**ツバが付いた**150φの黒いスリーブがあるから3本持って来て。

（違う違う。今日は外部から建物への配線を通すためのルート用の地中スリーブだから、鋳鉄管を使うんだ。材料置き場に配管の外周に水返しの鉄板が溶接された150φの黒いスリーブがあるから3本持って来て。）

**電治郎：**これですか？

**桜井先輩：**そうそう。じゃあ、取り付けていこうか。図面を見ると、**離隔がサンデー**ギリギリだから、シビアに取り付けないと手直しになっちゃうぞ。それから、少しだけ**ソトコウバイ**にするからな。

（そうそう。じゃあ、取り付けていこうか。図面を見ると、**スリーブの中心同士の間隔がスリーブの直径（d）の3倍**ギリギリだから、シビアに取り付けないと手直しになっちゃうぞ。それから、少しだけ**外勾配**にするからな。）

**電治郎：**なんだか、大変そうですね…。

地中スリーブ取り付け状況

## 用語解説

**【引き込み】**
建屋外部や敷地外から、電力線および通信線を建屋内部に配線し接続すること。

**【鋳鉄管】**
型に材料を流し込んで作る「鋳造」という工法で作られた、炭素が含有された鉄管のこと。止水処理のため複雑な形状が必要な地中引き込み部分でよく使われる。「防水鋳鉄管」とも呼ばれる。

**【ツバ】**
もともとは日本刀の柄の部分と刀身の間にある「鍔」から来ている。外壁部分において、スリーブと躯体の間に水が浸入した場合でも、その水が建屋内部にいかないようにするために付けられている。

ツバ付きスリーブ

**【外勾配】**
万が一、水が浸入した場合に、少しでも建物内部に水が行かないように建屋外側が低くなるように傾いた状態にしておくこと。

 ## ワンポイント解説

### スリーブの取り付け可能場所

　スリーブは、どこにでも好きなだけ取り付けてよいわけではありません。最終的には構造設計者の確認が必要ですが、文中にあるスリーブ同士の3dルールのほかに、梁せい（梁高さ）の1/3以内にするなど様々なルールがあります。

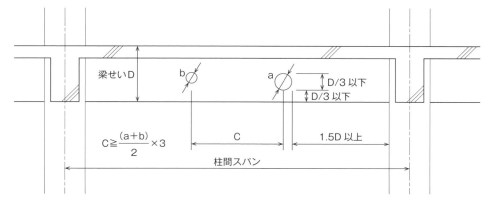

取り付け可能場所の例

## 2 引き込み工事 2.2 ハンドホールって何？

**北川社長：**今日は**ハンドホール**の据え付け工事だ。桜井、重機も使う重要工事だから、電治郎に声掛けしながらしっかりやっていくぞ。

（今日は**配線中継用の枡**の据え付け工事だ。桜井、重機も使う重要工事だから、電治郎に声掛けしながらしっかりやっていくぞ。）

**電治郎：**桜井先輩、ハンドホールって何ですか？

**桜井先輩：**ハンドホールはハンドホールだよ。見ればわかるよ。

**電治郎：**これがハンドホールですか。

**桜井先輩：**そう、**掘削して**から、このハンドホールを**据え付けて**、最後に配管をつなぐんだよ。

（そう、**土を掘って**から、このハンドホールを**設置して**、最後に配管をつなぐんだよ。）

**電治郎：**でも、このハンドホール、穴が開いてないですよ。どうやって配管をつなぐんですか？

**桜井先輩：**今回は、据え付けた後に**コア抜きして**、そこに配管をつなぐんだよ。

（今回は、据え付けた後に**コアドリルで穴を開けて**、そこに配管をつなぐんだよ。）

**電治郎：**こういう工事も電気工事なんですね。

**北川社長：**電気を通すためには、いろんな技術が必要になるんだ。

ハンドホール

## 用語解説

**【ハンドホール】**
地中埋設配管の管路の途中に設置される枡。配管ルートの分岐や、一度に配線するのが困難な長い配管の中継点として使用される。様々な深さに対応できるように、上部・（複数の）中間部・下部などに分割された組み立て型が多く使用される。

**【掘削（くっさく）】**
文中の通り、土を掘ること。配管を埋めるルートやハンドホールを据え付ける場所を重機などを使って掘り進めていく。

掘削の様子

**【据え付け（すえつけ）】**
ハンドホールや、後述する盤など比較的重量のあるものを床面に固定する行為を言う。ハンドホールは厳密には固定されていないが、自重や上部の土の重みで押さえつけられるため、固定した場合と同等にイメージされ、「据え付ける」という表現が使われる。

**【コア抜き（ぬき）】**
「コアドリル」という、先端にダイヤモンドを埋め込んだ円筒形のビット（刃）で円形の穴をコンクリートに開ける工事。

---

 ## ワンポイント解説

### コア抜きは要注意

　非常に便利なコアドリルですが、どこでも穴を開けてよいわけではありません。コンクリートに穴を開ければ、当然強度が落ちるので、前述したスリーブ工事などでスリーブを取り付ける場合は、その周囲に「補強筋」と呼ばれる鉄筋が入ります。そのような鉄筋が入っていない状態で安易にコンクリートに穴を開けることは許されません。

　ハンドホールにもコアを抜いてよい場所と抜いてはいけない場所が決まっています。注意してください。

コア抜き可能場所

スリーブ周りの補強筋

# 2　引き込み工事 2.3 ハンドホールを据え付けよう

**北川社長：** わしが**ユンボ**で吊り上げるから、桜井は据え付け場所で指揮してくれ。

（わしが**油圧ショベル**で吊り上げるから、桜井は据え付け場所で指揮してくれ。）

**桜井先輩：** わかりました。**スラー**、**チョイスラー**、ストーップ！ OKです。**シャックル**外しまーす。はい、**ゴーヘイ**。

（わかりました。**下げて**、**ゆっくり下げて**、ストーップ！ OKです。**結合金具**外しまーす。はい、**上げて**。）

**電治郎：**（桜井先輩が、かっこよく見えるな～）

**北川社長：** よし、ハンドホールの据え付けは完了。コアを抜き終わったら**FEPの80**を突っ込んで、**ベルマウス**を付けて**シスイ**処理だ。

（よし、ハンドホールの据え付けは完了。コアを抜き終わったら**内径80mm**の**波付き硬質ポリエチレン管**を突っ込んで、**ベルマウス**を付けて**止水**処理だ。）

**桜井先輩：** ほら、電治郎も手伝え。さっさとやっつけちゃうぞ。

**電治郎：** 了解しました！

**北川社長：** 止水材の充てんは丁寧にするんだぞ。固まった後では、簡単にはやり直せないからな。

ハンドホール据え付けの様子

## 用語解説

### 【ユンボ】

行政用語では、「バックホウ」とも呼ばれる、土を掘削する重機。機械によっては、移動式クレーンとして使用可能な仕様のものもある。ユンボ®というのは普及しはじめの時期によく使われていた機器の商品名で、正式名称ではないが、俗称として広く「ユンボ」と呼ばれている。

ユンボ

### 【シャックル】

ワイヤーと吊り上げ材を結合する時に使用される金具。重さやワイヤー径などに応じて様々なサイズのものがある。

### 【ベルマウス】

配管の端部に取り付ける部材で、先端の方がラッパ状に開いている。開いた先端部と躯体の間に止水材を充てんできる構造になっているほか、入線時にケーブルが傷つきにくい構造になっている。

シャックル

### 【止水】

その名の通り、水を止める工事。基本的には、水が入るすきまに止水材と呼ばれる材料を詰めることによって処理を行う。

ベルマウス

 ワンポイント解説

### クレーンに対する合図

　「スラー」、「ゴーヘイ」などの合図は、本来は「親（ブーム）」、「子（フック）」を付けて「子（コ）スラー」などと呼ばれます。しかし、一般的に上下の動きだけを指示する「子」の部分は省略されることが多いです（そもそも最初の音である「コ」が聞き取りづらく、言っているのかが不明な場合も多いです）。

　ユンボの場合は、本来はブームの起こしや伏せ動作で動かしているので「親スラー」や「親ゴーヘイ」と言うべきなのでしょうが、子であるフック部分の機構は存在しないため、省略されて単純に「スラー」や「ゴーヘイ」と合図されています。

# 2 引き込み工事 2.4 配管を延ばそう

**電治郎：**桜井先輩、昨日の「スラー」の掛け声、かっこよかったですね。僕もやりたかったな～。

**桜井先輩：**やりたいって言っても、電治郎は**タマガケ**を持ってないじゃないか。まずは、資格を取ってからだな。

（やりたいって言っても、電治郎は**玉掛け資格**を持ってないじゃないか。まずは、資格を取ってからだな。）

**電治郎：**え、資格がいるんですか？

**桜井先輩：**当然必要だよ。玉掛け以外にも電治郎が取らなきゃいけない資格はまだまだあるよ。

**北川社長：**しゃべってないで、さっさと配管を**延ばして**いくぞ。今日中に引き込みの**コンチュウ**まで延ばして、**立ち上げ**まで終わらせるからな。

（しゃべってないで、さっさと配管を**敷設して**いくぞ。今日中に引き込みの**コンクリート製の柱**まで延ばして、**配管を地表部より上に出す工事**まで終わらせるからな。）

**桜井先輩：**社長、終わりました。埋め戻しをお願いします。

**北川社長：**じゃあ、土を入れていくから、しっかり**転圧する**んだぞ。

（じゃあ、土を入れていくから、しっかり**締め固める**んだぞ。）

**桜井先輩：**電治郎、出番だ。頑張れ！

**電治郎：**（頑張るって…何を？）

埋設後ハンドホール

## 用語解説

**【玉掛け】**

クレーンなどのフックに荷を掛けたり外したりする作業。玉掛け特別教育（吊り上げるものが1t以上になる場合は、玉掛け技能講習）を受講した者のみが玉掛け作業に従事することができる。

**【延ばす】**

配管や配線を敷設していくこと。途中まで施工したものの続きを行っていく場合によく使われる。

**【コンクリート柱】**

コンクリート製の柱。「コンクリートポール」とも呼ばれる。

**【立ち上げ（る）】**

水平に敷設した配管や配線などを、ある点で垂直に上に向けて敷設すること。同様に下に向ける場合は、「立ち下げ」と呼ばれる。

**【転圧】**

土や砂利などに上から力を加えて、空気や水などを抜き、該当部の地面を締め固めること。

転圧の様子

転圧後の配管敷設状況

 ワンポイント解説

**様々な資格**

　電気工事を仕事にするうえでは一見、電気と関係のない資格も必要となります。文中の「玉掛け」のほか、高所作業車を運転するのに必要な「高所作業車運転者」や、回転工具の砥石（刃）を交換するための「研削といし取替試運転作業者」などの資格も必要になります。ほかにも様々な必要とされる資格があります。その都度、取得していきましょう。

# 1 墨出し 1.1 天井に墨を出そう

**桜井先輩：**よし、今日は内装工事だな。仕上げ工事だから、今までより寸法が少しシビアになるぞ。電治郎、**テンブセ**を渡すから墨を出していってくれ。

（よし、今日は内装工事だな。仕上げ工事だから、今までより寸法が少しシビアになるぞ。電治郎、**天井伏せ図**を渡すから墨を出していってくれ。）

**電治郎：**桜井先輩、これ天井の図面ですよね。天井がまだないのに墨は出せませんよ。

**桜井先輩：**そんなことはわかってるよ。まずは**ジズミ**を出して、それを後でレーザーを使って**上げて**いくんだよ。

（そんなことはわかってるよ。まずは**地墨**を出して、それを後でレーザー墨出し器を使って**天井に書き写す**んだよ。）

**電治郎：**まずは？

**桜井先輩：**墨を出してくれとは言ったものの、さすがにまだ1人じゃ**スミツボ**は使えないな。一緒にやるか。よしっ、基準のラインは引いたから、あとは1人でできるだろ。**ダウンライト**は、地墨にも**カイコウ**のサイズをちゃんと書いといて。

（墨を出してくれとは言ったものの、さすがにまだ1人じゃ**墨つぼ**は使えないな。一緒にやるか。よしっ、基準のラインは引いたから、あとは1人でできるだろ。**天井埋め込み型照明器具**は、地墨にも**天井に開ける穴**のサイズをちゃんと書いといて。）

墨つぼ

60

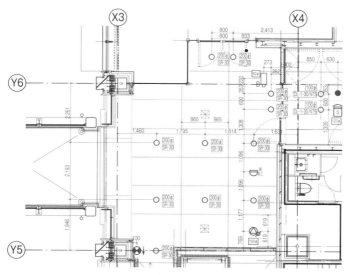

天井伏せ図

## 用語解説

**【天井伏せ図】**（てんじょうふせず）

天井の目地や、天井に設置される機器の取り付け位置の寸法が記載された図面。天井を見下ろすような形で描かれることから、「天井伏せ図」と呼ばれる。

**【地墨】**（じずみ）

床面に出す目印のこと。本来は前述のような、柱芯やその返り墨のことを指すが、照明器具や空調機の設置位置など、すべての床面に出す目印を総称して「地墨」と言う場合も多い。

**【墨つぼ】**（すみつぼ）

墨（インク）を付けた細い糸を伸ばし、それを床面や壁面に打ち付けることにより直線を書く工具。インクの代わりに消すことが可能なチョークを用いるものは、「チョークライン」とも呼ばれる。

**【開口】**（かいこう）

天井、壁、床面などに開いている（開ける）穴のこと。

 **ワンポイント解説**

**仕上げまで考えて地墨を出そう**

　地墨は通常、油性のペイントマーカーで出すことが多いですが、仕上げの床の材質によっては、コンクリートの床面に書いたマークが浮き上がってくることがあります。出す前に必ず仕上げ材を確認し、危なそうな場合はチョークで出したり、後で剥がせるように、床面に貼ったガムテープなどに書いたりして、浮き上がりを回避しましょう。

# 1 墨出し 1.2 壁に墨を出そう

**桜井先輩：** 今度は、壁の墨出しをしていくぞ。

**電治郎：** 桜井先輩、壁伏せ図をもらえますか？

**桜井先輩：** なんだ？壁伏せ図って。そんなものないよ。壁の墨出しは天井よりちょっと難しいぞ。ここは**プロット図**を作っているみたいだから、まずはそれで位置を出して、その後に詳細を施工図で確認しよう。

（なんだ？壁伏せ図って。そんなものないよ。壁の墨出しは天井よりちょっと難しいぞ。ここは**壁面設置の機器がすべて記載された図面**を作っているみたいだから、まずはそれで位置を出して、その後に詳細を施工図で確認しよう。）

**電治郎：** あれっ？桜井先輩、墨を出そうとしたところに何か書いてありますよ。

**桜井先輩：** え？何か**当たっている**のか？ちょっと見せてみな。あー、よく見てみろ、高さが違うだろ。ちゃんと**かわしている**よ。それと、施工図もよく見てみな。配管が壁を**貫通している**だろ。それも墨を出しておかないと、**LGS**と当たっちゃうよ。

（え？何か**別のものが同じ位置に取り付けられることになっている**のか？ちょっと見せてみな。あー、よく見てみろ、高さが違うだろ。ちゃんと**当たらずに配置されている**よ。それと、施工図もよく見てみな。配管が壁と**交差している**だろ。それも墨を出しておかないと、**軽量の鉄製壁下地材**と当たっちゃうよ。）

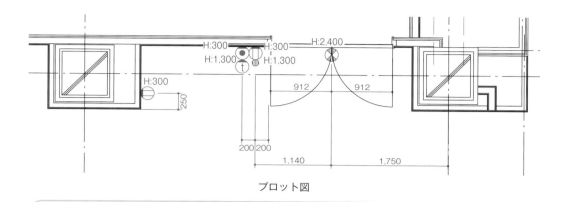

プロット図

## 用語解説

**【プロット図】**

コンセントやスイッチまたは空調スイッチなど、配置される機器をすべて記載した図面。通常は、天井プロット図（天井伏せ図）と壁・床プロット図に分けて描かれる。単にプロット図と呼ぶ時は、壁・床プロット図の場合が多い。別名「総合図」とも呼ばれる。

**【当たる】**

同じスペースに2つの機器や配管などが存在していること。「ぶつかる」とも言う。

**【かわす】**

当たらないように位置をずらすこと。

**【貫通】**

壁・床・梁などを配管や配線が通り抜けていくこと。

**【LGS】**

Light Gauge Stud（Steel）の略で、軽量の鉄でできた材料の組み合わせからなる壁や天井の下地材。天井LGSもあるが、単に「LGS」と言うと、壁を指すことが多い。

LGS

##  ワンポイント解説

**なぜ、プロット図が作られるの？**

　電気の図面はコンセントや電話、放送など種類別に描かれることが多いです。そのため、すべての機器を配置したプロット図を作り、機器同士がぶつからないように調整し、各機器の過不足がないかを確認していく必要があります。また、プロット図は電気設備以外の空調スイッチや消火器、消火栓なども記載されており、それを見れば何が、どこに取り付けられるか一目でわかるようになっています。

# 2 壁建て込み工事 2.1 ボックスの取り付け

**桜井先輩：**墨も出したし、ボックスを**仕込んで**いくか。

　　　　　（墨も出したし、ボックスを**取り付けて**いくか。）

　**電治郎：**仕込むって、何をするんですか？

**桜井先輩：**建て込み工事をするんだよ。

　**電治郎：**（その建て込み工事っていうのが、わかんないんだけど…）

**桜井先輩：**電治郎、墨の高さに**背中止め**の**ゼンネジ**を**流して**くれ。平塗代カバーだからゼンネジを取り付ける奥行きを間違うなよ。あとボックスの上側に**PF22**の**ボッコン**を１つ付けといて。塗代は小判な。

　　　　　（電治郎、墨の高さに**ボックスを背面から固定するための全ネジボルト**を**水平にLGSに取り付けて**くれ。平塗代カバーだから全ネジボルトを取り付ける奥行きを間違うなよ。あとボックスの上側に**サイズ22のPF管用のボックスコネクタ**を１つ付けといて。塗代は小判な。）

　**電治郎：**うー、何からすればいいのか、わかりません…。

**桜井先輩：**ごめんごめん、次々に言い過ぎたな。１つずつやっていこうか。

ボックス建て込み

## 用語解説

### 【仕込む】

その場で工事は完成しないが、後日行う工事の前工程としてボックスや吊り材などの部材を先行で取り付けておくこと。

### 【全ネジボルト】

丸型の鋼棒の全長において、ネジが切ってあるもの。「寸切り（すんぎり・ずんぎり）ボルト」とも呼ばれる。

### 【ボックスコネクタ】

アウトレットボックスに配管を接続させるための部材。

### 【ボックス固定部材】

LGS内にボックスを固定する部材は、状況に応じて使用可能なように多種多様な製品がある。以下は、その一例。

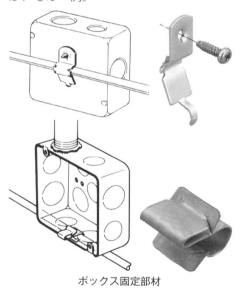

ボックス固定部材

ボックスコネクタ

##  ワンポイント解説

### アウトレットボックスの種類

　電気工事で頻繁に出てくるアウトレットボックスについては、■ **躯体工事**の情報コラムでも触れましたが、金属製と樹脂製があります。それぞれメリット・デメリットがあり、どちらを使うかは現場の仕様によって変わります。必ず確認をしましょう。金属製・樹脂製の違いにより、使う支持材が変わる場合もあります。

## 2　壁建て込み工事 2.2 配管の支持

**桜井先輩：**まずは、**22のノックを抜いて。**

（まずは、ノック穴を開けて、配管サイズ22用の入線口を作って。）

**電治郎：**ノックって、野球でもするんですか？

**桜井先輩：**そんなわけないだろ。そこの丸くへこんでいる部分を、ハンマーで叩いてみな。

**電治郎：**おーっ、丸く取れました。

**桜井先輩：**次は、ボックスを**固定**して、配管を立ち上げてくれ。ここは**クカクヘキ**で、**スラブトゥスラブ**で**ボードが来る**から、配管はスラブまで上げといて。

（次は、ボックスを**取り付けて**、配管を立ち上げてくれ。ここは**防火区画の壁**で、**床のスラブから天井のスラブまで**、**石膏ボードが貼られる**から、配管はスラブまで上げといて。）

ノック穴

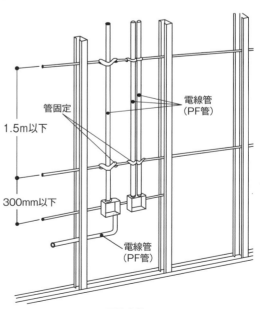

配管支持

電治郎：よくわかりませんが…、とにかく目いっぱい高くしとけばいいん
　　　　ですね。

桜井先輩：そうだけど、ちゃんと配管の**支持を取って**くれよ。

　　　　（そうだけど、ちゃんと配管の支持をしてくれよ。）

---

### 用語解説

**【ノックアウト(穴)】**
ドリルなどを使わなくても、叩くだけで簡単に穴が開けられるように、製造時より加工された部分のこと。

**【防火区画】**
火災時の急激な延焼を食い止めるためのもの。廊下と部屋の間など、同一フロア内を壁や扉で仕切る区画や、上下階をコンクリートの床などで仕切る区画がある。「防火」が省略されて、「区画」とだけ呼ばれることも多い。

**【石膏ボード】**
石膏を主成分とした板材。加工が容易で、厚さに対して強度が強く、防火性能にも優れるため、多くの建物の壁や天井に使用されている。

**【○○が来る】**
建設業では後工程（自分の職種の工事の後に行われる工事）を「○○が来る」と言うことが多い。「鉄筋が来る」、「(この壁には)クロスが来る」、「(この床には)カーペットが来る」など。

**【支持を取る】**
配管や配線が落ちないように造営物などに固定することを言う。「支持をする」でも間違いではないが、「支持を取る」と言われることが多い。

---

 ### ワンポイント解説

**支持は重要**

　配管の支持を行わないと、配管自身の荷重や外部からの力が思わぬところに掛かってしまい、最初は問題がなくても、年月が経つと不具合が発生する可能性があります。

　今回の例で言うと、支持が不足するとボックスコネクタ部分に荷重が掛かってしまい、ボックスの変形や配管の抜けが起こる可能性があります。通常、配管をボックスにつないだ場合は、ボックスから300mm以内に配管の支持を取るように決められています。

## 2 壁建て込み工事 2.3 強電と弱電

**桜井先輩：**あちゃー。隣のボックスの墨を見落としてたよ。電治郎、同じ小判塗代で、１本立ち上げだ。

**電治郎：**じゃあ、ボックスと塗代とコネクタを１つずつ持って来ます。

**桜井先輩：ジャクデン**だからコネクタは**PF16**な。**ヨビセン**はあるからいいや。

（**弱電**だからコネクタは**PF管用のサイズは16**な。呼び線はあるからいいや。）

**電治郎：**16？じゃあ、さっき取り付けたコネクタより少し小さいやつですかね。探してみます。ところで、ヨビセンって何ですか？念のために入れておく、みたいな感じですか？

**桜井先輩：**その予備じゃないよ。これは将来用の**カラハイカン**だからだよ。

（その予備じゃないよ。これは将来用の**空配管**だからだよ。）

**電治郎：**（カラハイカンって何？答えになってないよ…）
あっ、桜井先輩、取り付け場所まで全ネジボルトが届かないです。

**桜井先輩：**あ〜、見落としてたからなぁ。全ネジを長くしておくべきだった。そこは**エルカナ**でいこう。**カタシジ**でも問題ないだろう。

（あ〜、見落としてたからなぁ。全ネジを長くしておくべきだった。そこは**L型の取り付け金物**でいこう。**片側支持**でも問題ないだろう。）

**電治郎：**きちんと確認しないと、後が大変なんですね〜。

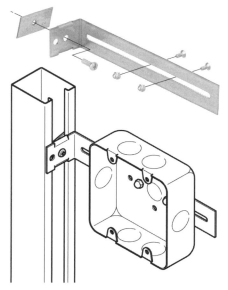

L型金物を使った支持

## 用語解説

### 【弱電（設備）】

電話やLAN・TVなど、電気を信号や制御として使用する設備。その設備用に敷設される配線は「弱電配線」と呼ばれる。一方、照明やコンセントなど、電気をエネルギーとして使用する設備は「強電（設備）」と言われ、敷設される配線は「強電配線」と呼ばれる。

### 【呼び線】

配管に電線やケーブルを通すために、あらかじめ入れておく針金のような線のこと。鉄線の周りをビニールで被覆したものが使われることが多い。将来配線が必要になった場合は、呼び線の先端に通すケーブルの先を縛り付け、反対側から呼び線を引っ張ることにより、電線やケーブルを配管の中に通していく。

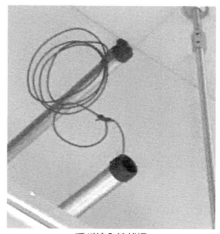

呼び線入線状況

### 【空配管】

工事完了時においても電線管の中に、電線やケーブルが通されていない配管。将来の増設用などに用意される。通常、空配管と呼び線はセットであり、呼び線が入っていても「空配管」と言う。

### 【片支持】

何かを取り付ける際に、片側の壁などからのみ支持を取ること。てこの原理で大きな力が根元部分に掛かってしまうので重量物を支持する方法としては好ましくないため、軽量物の支持でのみ行われる。両側から取る場合は「両支持」と呼ばれる。

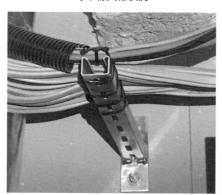

片支持の例

 ワンポイント解説

### 強電と弱電は同一配管に入れない

　信号などの情報が流れる弱電配線は、ノイズを嫌います。そのため、ノイズの発生源となる強電配線と同一の配管内に線を通すことは通常ありません。たとえ少量のケーブルであっても、強電とは独立した別の配管を用意しましょう。

弱電配線

強電配線

強弱別ルート

# 情報コラム

**打つ、揉む、締める・ビス、ネジ、ボルト**

　皆さんも壁などに物を取り付けるために釘を打ったことがあると思います。釘ではなくビスを使ったという人もいると思います。そのビスは「打ち」ましたか？

　現場においてビスは「打つ」とも言いますが、「揉む」とも言います。しかしながら一般の方は、「揉む」という表現にはなじみが薄いかもしれません。なぜ「揉む」と言うのか、諸説ありますが、有力な説をご紹介します。

　建設業の前身とも言える大工仕事の道具には錐というものがあります。たいていの方はご存知でしょうが、これは木材に穴を開ける道具です。ビスは釘とは違い、下穴と呼ばれる小さな穴を先に開けた後に取り付けることも多いため、錐で穴を開ける行為に使われる「揉む」という表現が使われるようになったのでは、と言われています。

　一方、電気工事の様々な場所で使用される「ネジ」は、「揉む」とはあまり言いません。ネジは「締める」です。ビスとネジ、頭が混乱してきましたね。何が違うの？という声が聞こえてきそうです。身もふたもない言い方をしてしまうと、ビスとネジは同じものです。先端がとがっているものを「ビス」と呼び、先端が平らなものをネジと呼ぶなどの説もありますが、電気工事の世界でよく使われる、機器の固定・取り付けなどに使われる先端の平らなネジは「ボディービス」と呼ばれています。要は「ネジ≒ビス」です。

　ネジを締める行為を「締め込む」と言う人もいますが、「揉み込む」とはあまり言いません。やはり「打つ・揉む」と言う表現は、釘やビスのように、穴を開けながら深く沈んでいく様子に特化したものかもしれません。

　前述の振動機能付きドリルも、ネジを締め込む工具は「インパクトドリル」ではなく、「インパクトドライバー」と呼ばれています。やはり、穴を開ける工具はドリル、ネジを締める工具はドライバーと無意識に使い分けられているのかもしれません。

　もう１つ、電気工事でよく使われるネジの仲間を紹介します。それは「ボルト」です。ボルトと聞いて皆さんはどのようなものを想像するでしょうか。おそらく六角形の頭が付いたものを想像する方が多いと思います。ただ、これは正確には「六角ボルト」と言われる、色々あるボルトの中の１種類です。

　ボルトとは、正確な定義はありませんが、ネジより比較的大きく、かつナットと組み合わせて使うものを呼ぶことが多いです。要は「ネジ≒ボルト」です。
　下記に、様々なビス・ネジ・ボルトの写真を載せました。工事内容や用途に合ったビス・ネジ・ボルトを選定することは電気工事に従事する者にとって重要なスキルです。現場に出たらぜひ、色々なビス・ネジ・ボルトを手に取って見比べてみてください。

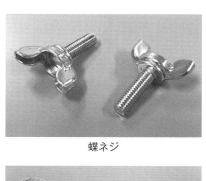

蝶ネジ　　　　　　　　　　　　ボードビス

六角ボルト

アイボルト

ナット

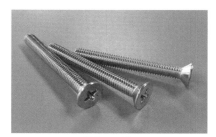

ボディービス

全ネジボルト

71

# 情報コラム

**様々な区画。貫通したらしっかり処理を**

　現場には様々な区画があります。代表的なものは、防災上必要な建築基準法で設置が定められた区画です。一番有名な区画は前述の、火災の延焼を食い止め、被害を最小限に収めるための「防火区画」でしょうか。防火区画は一定の面積を超える場合や、異種用途と呼ばれる別の用途のエリアを区切る場合などに設けなければなりません。ほかに防災上の区画では、煙の流出を防ぎ、かつ有効に煙を排出するために必要な「防煙区画」などもあります。防煙区画には防火区画と同じように壁や扉で区画されるもののほかに、天井から一定以上の高さの遮蔽物を下げることにより形成される、通称「垂壁区画」もあります。

　防災上必要な区画のほかに、音楽ホールや放送局などで必要になる、音を通さないようにするための「遮音区画」などもあります。ほかにも病院などにあるレントゲン室は、放射線が外部に流出しないように鉛などを貼った壁で周囲を囲ったりしますが、これも広い意味での区画です。

　電気工事は、電線やケーブルなどを用いて、エネルギーや信号を目的のエリアに届ける必要がありますから、区画の内側に区画の外側から配管・配線を持って行くことが発生します。その際には当然、「区画」を貫通する必要があり、区画を貫通することを「区画を抜く」や「区画を破る」などと表現する場合もあります。この「抜く」や「破る」という表現からわかるように、区画を貫通すればその区画の性能は劣化します。誤解を恐れずに言えば、電気工事は区画にとって厄介者なのです。そのため、区画を貫通した後はその劣化した性能を、貫通する前の性能まで回復させるような工事を行う必要があります。この工事のことを、そのままですが「区画貫通工事」や「区画処理」などと言います。この工事を行わないと、その壁や垂れ壁はそれぞれ必要な性能を持った区画として認定されません。「区画貫通工事」や「区画処理」は、建物の性能を担保するうえでも非常に重要な工事なのです。

　右ページに一般的な現場の平面図に防火・防煙区画を記載したものを載せています。かなり多くの壁が防火・防煙区画になっていることがわかると思います。区画を貫通する場合は、取り返しのつかないことにならないように、行き当たりばったりに穴を開けて貫通するのではなく、事前にしっかりと貫

通するルートを確認したうえで、配管・配線後の処理方法まで確認してから
穴を開けるようにしましょう。

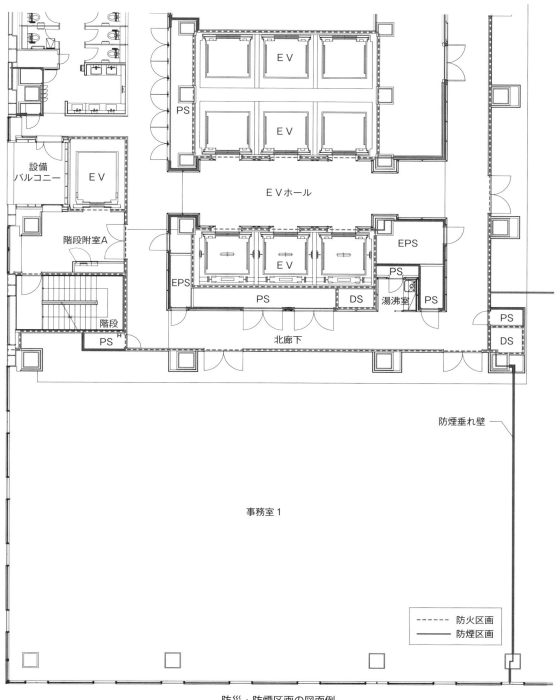

EV

EV

PS

設備
バルコニー

EV

EVホール

階段附室A

EPS

EV

EPS

PS

PS

DS

湯沸室

PS

階段

PS

北廊下

PS

DS

防煙垂れ壁

事務室1

| ------ | 防火区画 |
| ——— | 防煙区画 |

防災・防煙区画の図面例

# 3 天井内配線工事 3.1 —発目を引っ張ろう

**桜井先輩：**よし、今日からは天井内配線工事だな。

**電治郎：**ようやく、電気工事って感じですね。

**桜井先輩：**?? 俺には電治郎が考える電気工事のイメージはわからないが…。この部屋は、**ケイテン**が明日から**来る**から、ここから**逃げて**いこう。

（?? 俺には電治郎が考える電気工事のイメージはわからないが…。この部屋は、**軽量天井工事**が明日から**始まる**から、ここから**終わらせて**いこう。）

**電治郎：**逃げるんですか。なんだか怖いですね。

**桜井先輩：**悪いことして逃げるわけじゃないから（笑）。今日中に**吊りボルト下げて**、**フック**を付けて、**一発目**までの配線を終わらせるぞ。

（悪いことして逃げるわけじゃないから（笑）。今日中に**支持用のボルトを天井スラブから吊り下げて**、**ケーブルの支持材**を付けて、**盤から来る器具への最初のケーブル**までの配線を終わらせるぞ。）

**電治郎：**一発目？ほかの配線はしなくていいんですか？

**桜井先輩：**あとは**渡り**配線だから、**天井を組んだ**後でやろう。

（あとは**器具と器具をつないでいく**配線だから、**天井の下地工事が完成**した後でやろう。）

**電治郎：**（ホントはよくわからないけど…）
わかりました。

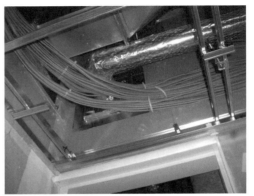

天井内配線状況

## 用語解説

### 【軽量天井】
前述したLGSで組まれた天井。通常、スラブからボルトなどで吊り下げられ、格子状の枠組みになっている。

### 【逃げる（追う）】
複数業種が混在する建設業では、「逃げる」「追う」などの表現がよく使われる。例を挙げると、「時間がなくて全部は終わらないから、後の業者に影響するところだけ先に逃げよう（終わらせよう）」、「しっかり工程を追いかけて、ついていって欲しい」など。

### 【吊りボルト】
スラブに入れたインサートなどから、吊り下げられたボルトのこと。電気工事では、全ネジボルトなどで天井から支持を取ることを「吊る」と表現する。

### 【フック】
ケーブルを支持する材料。全ネジボルトに取り付けるものや、壁に取り付けるものなど、様々な種類がある。

フック

 ワンポイント解説

### 第一電源、渡り配線

盤から来る最初のケーブルは、「一発目」や「第一電源」と呼ばれます。第一電源は、比較的長い距離を配線するため、天井が組まれた後に配線すると格子状になった軽量天井の下地が邪魔で効率が悪いため、通常、軽量天井の施工前に工事を行います。

一方、渡り配線は距離が短く、渡り配線のために吊りボルトを設けることは経済的ではないため、軽量天井の工事完了後に、その支持材にケーブルを支持して配線を行うことが多いです。

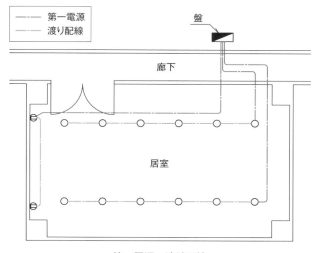

第一電源・渡り配線

# 3 天井内配線工事 3.2 ケーブルを転がそう

**電治郎：**桜井先輩、PF管を持って来ますね。

**桜井先輩：**電治郎、この天井内は**コロガシ配線**だからPF管はいらないよ。

（電治郎、この天井内は**ケーブルを配管などには入れずにそのまま配線する施工方法**だからPF管はいらないよ。）

**電治郎：**そうなんですか。楽ちんですね。

**桜井先輩：**調子のいいやつだな。第一電源は、そこの**クカクマタギ**のスラブ配管がルートだな。こっちから俺が**スチール**を入れるから、反対側から出て来るか見ていてくれ。

（調子のいいやつだな。第一電源は、そこの**防火区画のラインを超えて埋設してある**スラブ配管がルートだな。こっちから俺が**ケーブルを配管内に通すためのワイヤー**を入れるから、反対側から出て来るか見ていてくれ。）

**電治郎：**出て来ました。

**桜井先輩：**よーし、そっちに行くからちょっと待って。俺が**アタマをつくる**から。電治郎は反対側に行って、俺が声を掛けたら少しずつ引っ張って。

（よーし、そっちに行くからちょっと待って。俺が**スチールの先にケーブルを縛り付ける**から。電治郎は反対側に行って、俺が声を掛けたら少しずつ引っ張って。）

せーの！

**電治郎：**よいよい！ケーブルが出ましたー。

## 用語解説

### 【転がし配線】

本来は、ケーブルを天井や壁などの造営材に固定せず、転がす（何もせず置いておくだけ）状態で配線する施工方法だが、ケーブルをフックなどで固定したとしても、「転がし」配線と呼ばれることが多い。

### 【またぐ】

区画の壁を完成後に貫通するのは手間が掛かるため、右図のようにスラブ配管時に、区画を超えて配管を埋設しておくこと。区画壁より1m以上離れた場所に埋設配管を伏せておけば、特別な処理は不要になるため、よく行われる。

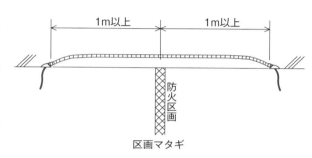

区画マタギ

### 【スチール】

ケーブルを配管内に通すための道具。鉄製のためコシが強く、配管内に容易に押し込むことができる。先端は、ケーブルが結び付けられるように小さな穴が開いている。「通線ワイヤー」とも呼ばれる。

### 【アタマをつくる】

配管内を通す時に限らず、ケーブルを配線する時に行う準備作業の1つ。スチールの先端の穴にケーブルの導体を通して縛り付けた後に、テープを巻き付けて、出っ張りを緩やかにするなど先端部を加工する。

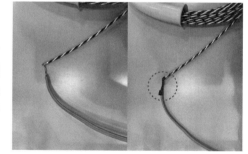

アタマ
左：ビニールテープを巻く前　右：巻いた後

##  ワンポイント解説

### ケーブルは引っ張る

　銅やアルミでできたケーブルは柔らかく、配管の中へ押し込んで配線することはできません。そのため、スチールのような道具を使って引っ張って配線します。この際配管内では強い摩擦が発生するので、ただ引くだけではスチールとケーブルを縛り付けた部分に力が掛かり、外れてしまいます。そのため、1人がケーブルを押し、もう1人が引っ張る作業を、声を掛けてタイミングを合わせながら行います。通常、文中のようにケーブルを押す側の人間が先に声を掛け、それを受けて引っ張る側の人間が声を出しながらスチールを引っ張ります。

# 3 天井内配線工事 3.3 渡り配線をしよう

**桜井先輩**：おっ、天井組みが終わったな。じゃあ、電治郎、渡り配線と軽量天井の墨出しをやっていくか。

**電治郎**：わかりました。レーザーとフックを持って来ます。

**桜井先輩**：段取りがわかってきたな。渡り配線のついでに、この前配線した第一電源、**カングチ**に**タイカパテ**しておいて。

（段取りがわかってきたな。渡り配線のついでに、この前配線した第一電源、管口に耐火パテしておいて。）

**電治郎**：（パテって、この粘土みたいなやつかな）
…わかりました。あっ、桜井先輩、ここの渡り配線ですけど、途中に何かあって通りません。

**桜井先輩**：あ〜、**吹き出しがいる**※んだ。少し**振っちゃって**いいよ。

（あ〜、吹き出しがあるんだ。少し**ルート**を変えていいよ。）
※物を擬人化して、「○○がいる」と言うのは建設業でよく使う表現

**電治郎**：振る？

**桜井先輩**：あと、ここのスイッチは**サンロ**だから、そこの**点検口**で**ジョイント**するから点検口で丸めておいて。

（あと、ここのスイッチは**3路スイッチ**だから、そこの**点検口**で**ケーブル**を接続するから点検口で丸めておいて。）

**北川社長**：電治郎、点検口がどれか本当にわかっているのか。桜井、もう少し丁寧に教えてあげなさい。

**桜井先輩**：そうですね。わかりました。

## 用語解説

**【管口】**（かんぐち）

配管がボックスなどにつながっていない場合の端部。

**【(耐火)パテ】**（たいか）

粘土のような材料を、ちぎって隙間に詰め込む
ことで貫通部の隙間埋めや補修に使われる。熱
に強く、高温度でも性能を保つと認定されたも
のが、一般的に「耐火パテ」と呼ばれる。充てん
後に固まる硬化型と固まらない非硬化型があり、
電気工事では、一般的な部位には非硬化型が使
われることが多い。

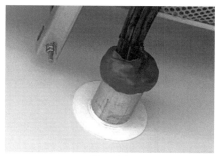

管口パテ

**【吹き出し(口)・吸い込み(口)】**（ふきだし／ぐち／すいこみ／ぐち）

空調工事において、冷気や外気などが吹き出される部分。吸い込まれる部分は「吸い込み
(口)」と呼ばれる。

**【振る】**（ふる）

障害物を避けるために、ケーブルなどの配線ルートを少し変更すること。

**【ジョイント】**

電線同士をつなぐこと。「結線」とも言う。基本的にボックス内で行う必要がある。

**【3路スイッチ(結線)】**（ろ／けっせん）

廊下や階段などで、2か所から照明をON-OFFできるスイッチ。3路用の結線(接続)を
行う必要がある。

---

 ## ワンポイント解説

### 点検口

　工事完了後に、天井埋め込み型
のエアコンのフィルターの交換な
ど、天井内の機器のメンテナンス
を行ったり、水配管のバルブを操
作したり、配線を追加したりする
ために天井や壁に設けられた開閉
可能な部分を「点検口」と呼びま
す。この点検口の真上に配線を敷
設すると、作業の支障になるので
注意しましょう。

閉じた状態

開けた状態

点検口

## 3 天井内配線工事 3.4 しっかりジョイント

**桜井先輩：**ジョイント用のボックスも付けたし、結線するか。この現場の仕様は、**ワゴ**じゃなくて**スリーブ**だったな。電治郎、スリーブと**アッペン**を持って来て。

（ジョイント用のボックスも付けたし、結線するか。この現場の仕様は、**差し込みコネクタ**じゃなくて**リングスリーブ**だったな。電治郎、リングスリーブと**圧着ペンチ**を持って来て。）

**電治郎：**わかりました。スリーブは紙ボイドですか、鋳鉄管ですか？

**桜井先輩：**違う違う、状況を考えろよ。リングスリーブの**小**を持って来て。**アッペンは黄色**だよ。

（違う違う、状況を考えろよ。リングスリーブの**小サイズ**を持って来て。**リングスリーブ用の圧着ペンチ**だよ。）

**電治郎：**リングスリーブか、そうですよね～。

**桜井先輩：**よいしょ。圧着したら**ビニテ**を巻いて、と。

（よいしょ。圧着したら**ビニールテープ**を巻いて、と。）

**北川社長：**桜井、ちゃんとサイズは確認したか？

**桜井先輩：**社長、ちゃんと確認していますよ。ばっちりですよ。

**電治郎：**サイズって何ですか？

**北川社長：**リングスリーブには、「小」「中」「大」とサイズがあり、ジョイントする電線の本数やサイズによって使うスリーブが違うんだよ。圧着ペンチのサイズも変わるから圧着前にしっかりと確認するんだぞ。

## 用語解説

### 【差し込みコネクタ】

電線の被覆を剥き、既定の穴に差し込むだけで結線が行える部材。最初に普及した商品を作っていた会社名から、文中にある「ワゴ」の略称で呼ばれることが多い。

差し込みコネクタ

### 【リングスリーブ】

電線同士を圧着接続させる際に使用する部材。主に単線同士の接続に使われる。接続される電線の本数に応じて小・中・大を使い分ける。箱の裏などに組み合わせごとのサイズが書いてあるため、組み合わせを暗記する必要はない。

リングスリーブ

### 【圧着ペンチ】

色々な種類のものがあるが、基本的なものは柄が黄色のリングスリーブ用のものと、柄が赤色の、より線への圧着端子取り付け用のものである。

### 【ビニールテープ】

電気絶縁用ビニールテープのこと。

圧着ペンチ　黄色：単線用　赤色：より線用

 ワンポイント解説

**単線とより線**

　電線には1本の銅（アルミ）線で構成されている「単線」と、複数の細い銅（アルミ）線が編み込まれたような形状の「より線」があります。単線の方が製造も容易かつ電流も多く流せますが、より線の方が柔軟性があり、配線も容易で曲げた場合に断線もしづらくなっています。単線は1.2mm、1.6mm、2.0mmなど直径で、より線は2.0mm$^2$、3.5mm$^2$、5.5mm$^2$など断面積で表されます。単線とより線でそれぞれ接続する場合の材料や工具が変わってきますので、注意してください。

## 4　ボード開口工事 きれいに開けよう

**桜井先輩：**おっ、**ボード貼り**が終わっているな。じゃ、開口していくか。

（おっ、ボードの貼り付け工事が終わっているな。じゃ、開口していくか。）

**電治郎：**わかりました。墨を見ると開口サイズは150φですね。ところで桜井先輩、開口って、どうやって開ければいいんですか？

**桜井先輩：**いろんな道具があるけど、一般的には**マワシビキ**で開けるかな。ただ、マワシビキだと丸い開口は難しいから**フリーホルソー**を使うよ。やってみるか？

（いろんな道具があるけど、一般的には廻し引きで開けるかな。ただ、廻し引きだと丸い開口は難しいからフリーホルソーを使うよ。やってみるか？）

**電治郎：**はい。でも、ボードを開ける時にLGSに刃が当たりませんか？

**桜井先輩：骨**はもう、**軽天屋**さんが切ってくれているよ。電治郎が渡り配線している時に俺が天井LGSに墨出ししていただろ。墨を出しておくとその部分の**骨**を切って、周囲の補強もしてくれるんだよ。

（天井LGSはもう、LGSを使って壁や天井の下地をつくる職人さんが切ってくれているよ。電治郎が渡り配線している時に俺が天井LGSに墨出ししていただろ。墨を出しておくとその部分のLGSを切って、周囲の補強もしてくれるんだよ。）

**電治郎：**そうなんですね。何かしているとは思っていましたけど。うんっ？ここは開口サイズが墨に書いてないです。

**桜井先輩：カンチキ**だろ。それは天井**ジカヅケ**だから、穴はいらないよ。

（火災感知器だろ。それは天井直付けだから、穴はいらないよ。）

**電治郎：**（ジカヅケって何だ??）

## 用語解説

**【廻し引き】**
片手で扱える小型のノコギリ。「引き廻し」とも呼ばれ、ボードなどに曲線的な開口を開ける場合に用いる。電気工事では、押した時に切れる向きの刃になっているものを使うことが多い。

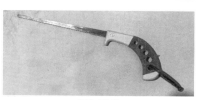
廻し引き

**【フリーホルソー】**
電動ドリルの先に接続する開口用の工具で、2つの刃の間隔を変えることができるため、自由なサイズの丸開口を開けることが可能。

**【感知器】**
自動火災報知設備の一部で火災の発生を検出する機器のこと。熱を感知する熱感知器や煙を感知する煙感知器がある。感知した信号は、「受信機」と呼ばれる中央装置に送られ、受信機を通じて非常ベルや非常放送などで建物内の人に火災の発生が知らされる。

フリーホルソー

**【直付け（取り付け）】**
ボードを開口せずに、器具を直接、天井や壁などにビスなどで取り付けること。「露出（取り付け）」と言われる場合もあるが、「露出」という表現は、配管や配線が天井下や壁の表面など、目に映る部分に現れる意味も含まれる。天井内に44ボックスなどを仕込んで、そのボックスに感知器などを取り付ける場合は、「直付け」とは言わず、「露出取り付け」と言うことが多い。

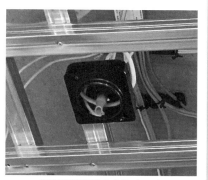
露出取り付けの仕込み工事

 **ワンポイント解説**

**引き廻しと押し廻し**

　皆さんは小さい頃、ノコギリは「引く」と習いましたよね。しかし、ノコギリには引いて切るものと、押して切るものと2種類あります。では、廻し引きはどちらでしょう。

　結論から言うと、同じようにどちらもあります。廻し引きの中で、押して切るものは「押し廻し」、「押し引き」と言ったりします。一瞬混乱しますね。「廻し引きは、押し引きを使った方がよいですかね」などと冗談のような言葉も現場では飛び交います。ノコギリの「引く」は「挽く」とも書きますので、そちらの字でイメージすると理解できるかもしれません。

# 情報コラム

### スイッチ結線、片切・3路・4路

　色々な意見があるのは承知で断言しますが、電気工事の華はやはり結線工事です。電工の持つ他職にはない特殊技能は、電線・ケーブルを器具やスイッチなどに接続したり、ボックスなどでジョイント（結線）を行ったりすることにより、正しく安全な電気回路を構築できることにあります。

　もしこの本を読んで電気工事に興味を持って"電気工事業界で働いてみようかな"と思っている人がいれば、ぜひ結線工事ができるようになるまで頑張ってください。結線工事ができるようになれば、自信を持って「自分は電工です」と言えると思います。

　右ページに基本的な配線図および複線で書いた結線図を載せました。複雑そうに見えますが、指でなぞったり、コピーをして線をなぞりながら色を塗ったりして電気の流れを追いかけてみてください。詳しい説明は省きますが、電気は図面上でいう電源の黒の方から出て行って、朱色の方に帰ってきます。電気は、出て行って、そして帰ってきた時にはじめて正しく流れたことになります。図面では、電気が出て行って帰ってくる道の中間にDLと書かれた照明がありますね。なので、電気が正しく流れると照明に電気が供給され、照明は光るということになります。

　スイッチは当然、その電気が「流れる」ことを遮断するものですから、スイッチが切られると照明が光ることはありません。そのスイッチが人の手などで押され、黒から朱色までの道がつながった瞬間に照明が光ります。

　それぞれのスイッチの説明ですが、片切スイッチは見たままなので非常にわかりやすいと思います。3路スイッチは、どちらか一方の道に切り替えるようなスイッチです。図面で言うと、2か所の3路スイッチの両方が上を向いている、または下を向いている時に電気が流れるのがわかると思います。4路スイッチは若干見づらいですが、AまたはBの状態のどちらかになるスイッチで必ず3路スイッチと組み合わせて使われます。これは言葉で説明するのは難しいので、ぜひご自身で色々な組み合わせを書いてみて、線をなぞりながら照明が光る（電気が流れる）のか光らない（電気が流れない）のか考えてみてください。理解できた瞬間は快感だと思います。

　前述したように、ごく一般的な1か所で照明などをON-OFFするスイッ

チは「片切スイッチ」と呼ばれます。片切があれば当然、「両切スイッチ」もあります。しかし、両切スイッチは特殊な場合を除いてあまり使用されませんので、今回の図では割愛しています。

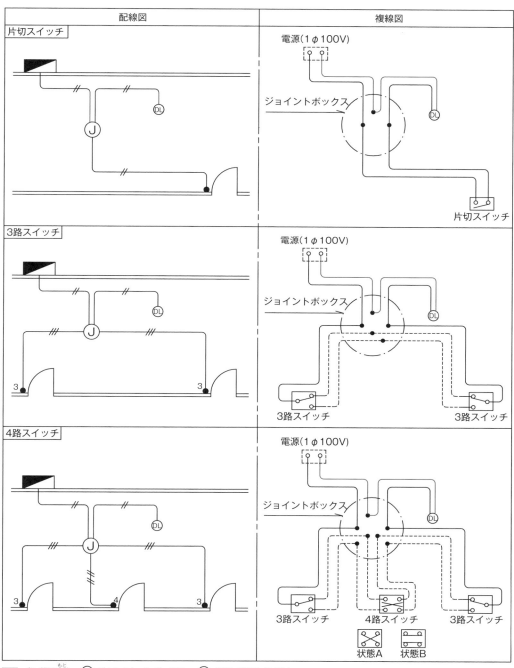

| 配線図 | 複線図 |
|---|---|

片切スイッチ

電源(1φ100V)

ジョイントボックス

DL

片切スイッチ

3路スイッチ

電源(1φ100V)

ジョイントボックス

DL

3路スイッチ　　　3路スイッチ

4路スイッチ

電源(1φ100V)

ジョイントボックス

DL

3路スイッチ　　4路スイッチ　　3路スイッチ

状態A　　状態B

■ 盤（電源元） Ⓙ ジャンクションボックス ⒹⓁ 照明（ダウンライト）

スイッチ結線

# 1 ケーブルラック工事 1.1 ラック敷設の段取り

**桜井先輩：**今日は機械室の**ラック**工事だな。

（今日は機械室のケーブルラック工事だな。）

**電治郎：**ラックって、棚ですか？

**桜井先輩：**棚というより、はしごだな。これだよ。

**電治郎：**本当にはしごみたいですね。これをどうするんですか？

**桜井先輩：**これを**吊って**いくんだよ。**ブランコで吊る**から、**デーワン**の加工からだな。5〜6本持って来て。あと、切断面用の**スプレー**も。

（これを天井から支持を取って敷設していくんだよ。ケーブルラックの両サイドに吊った全ネジから支持を取るから、ダクター（D1）の加工からだな。5〜6本持って来て。あと、切断面用のさび止めスプレーも。）

**電治郎：**持って来ました。

**桜井先輩：**ありがとう。俺がダクターを加工しておくから、全ネジボルトを吊り下げておいてくれ。スラブマイナス1,500がラック**シタバ**で、**ダブルナット**支持だから、ボルトの長さを間違うなよ。

（ありがとう。俺がダクターを加工しておくから、全ネジボルトを吊り下げておいてくれ。スラブマイナス1,500がラックの**一番低くなる部分（下端）**で、ダブルナット支持だから、ボルトの長さを間違うなよ。）

**電治郎：**（よくわかんないけど、とりあえず全ネジを吊っていくか…）

ケーブルラック

## 用語解説

**【ケーブルラック】**
大量のケーブルを整然と並べて配線するための部材。トレイ型、はしご型があるが、はしご型の製品がよく使用される。「子桁」と言われる部分にケーブルを捕縛し、整線していく。

**【ブランコ（吊り）】**
ケーブルラックを敷設する際の一般的な吊り方。写真のように両サイドに吊り下げた全ネジボルトに支持材を取り付け、その支持材にケーブルラックを載せる形で支持を取る。高さの調整が比較的容易なため、この工法がよく採用される。

ブランコ吊り

**【ダクター（チャンネル）】**
コの字型をした鋼製の支持材。開放された側の端部が折り返されており、軽量物など、重量が小さいものは、その部分に爪を引っ掛けるような形で固定される。やや重量のあるものはダクターチャンネル®に穴を開け、縫い合わせるような形で固定される。強度に応じて様々なサイズのものがある。ネグロス電工（株）の商品名だが、同商品が非常に有名なため、類似の商品もこの名前で呼ばれることが多い。D1はサイズを表し、D1より少し大きなD2という商品もある。

ダクターチャンネル

**【ダブルナット】**
２つのナットをぶつけ合う方向で締め付ける固定方法。ゆるみ止めの効果が高く、ケーブルラック支持などでよく使われる。

---

 ## ワンポイント解説

**電線とケーブル**

　電気工事で使われる「電線」と「ケーブル」をしっかり説明できる人は意外に少ないのではないでしょうか。難しい定義はさて置き、一言で説明すると、電線をビニールなどの「シース」と呼ばれる外部被覆でさらに保護したものがケーブルになります。基本的に、電線を直接何かに固定するような施工は禁止されており、電線管などの中に配線する必要があります。しかし、ケーブルは直接、支持材に固定して配線することが可能です。そのため、ケーブルラックはあっても電線ラックという製品は存在しません。

# 1 ケーブルラック工事 1.2 ラックを吊る

**電治郎：**全ネジ吊りが終わりました。

**桜井先輩：**じゃあ、ダクターを付けていくか。あれ？電治郎、これは全ネジ
が短いぞ。

**電治郎：**指示通り、スラブから1,500mmの長さにしましたよ。

**桜井先輩：**ラック下端がスラブマイナス1,500だよ。全ネジを1,500にしたら、
**ツリシロ**がないじゃないか。仕方ないな～、1回切って、**ナガナット**
で**ツグ**か。

（ラック下端がスラブマイナス1,500だよ。全ネジを1,500にしたら、**吊り代**
がないじゃないか。仕方ないな～、1回切って、**長ナット**で継ぐか。）

**北川社長：**桜井、前にも言ったが、ちゃんと説明をしないか。いきなりわか
るわけないだろう。あと、それとは別に、隣の**ダクト**とかなり**セ
ッテ**いるが、大丈夫か？

（桜井、前にも言ったが、ちゃんと説明をしないか。いきなりわかるわけ
ないだろう。あと、それとは別に、隣の**ダクト**とかなり**競って**いるが、大
丈夫か？）

**桜井先輩：**本当だ。このまま延ばすと確実に**バチり**ますね。おかしいなぁ。

（本当だ。このまま延ばすと確実に**ぶつかり**ますね。おかしいなぁ。）

**電治郎：**えっ、バチが当たるんですか、何だか怖いですね。

**桜井先輩：**そんなわけないだろ（笑）。このまま、真っすぐ延ばしていくとダク
トにぶつかっちゃうってことだよ。何でこうなったのかな～。

**電治郎：**（ダクトってダクターのことかな??）

## 用語解説

**【吊り代】**
本来はクレーンなどで材料を吊って最大限巻き上げた時のクレーンフックと材料の離隔のこと。転じて、配管やラックなどを支持する場合において、本体から下に支持材がはみ出す長さを言う。

**【長ナット】**
その名の通り、長いナットのこと。全ネジボルトなどをつなぎ合わせる際に使用する。奥までボルトが入っているか確かめられるように、穴が開いた製品が使用されることも多い。

**【ダクト】**
空気を運ぶ管。丸形や角形など色々な形状のものがある。結露防止や中の空気の温度を保つために保温材が巻かれているものもある。

**【競る】**
配管同士や配管と壁など、物同士が接近してぶつかりそうになっている状態のこと。

**【バチる】**
垂直が出ていない、平行でないなど、真っすぐでない状態を表す。転じて物同士がぶつかる場合にもこの表現が使われる。

ラック吊り代（拡大）

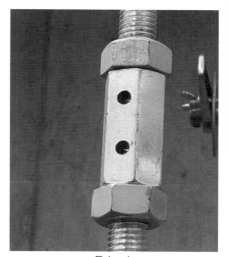

長ナット

 ワンポイント解説

### 有効空間と仮想天井

　電治郎も失敗しましたが、電気工事において、配管やラックの下端を図面通り、きっちり施工することは非常に重要です。間違って低く吊ってしまうと、天井がある場合は天井に当たってしまいますし、天井がない場合でも室内の有効空間を小さくしてしまいます。

　天井のないエリアでは、よく「仮想天井」という言葉も使われます。これは、「その高さ以下に物を持って来ないでください」という意味です。この「物」には当然、全ネジなどの吊り材料も含まれます。図面には通常、ラックなど本体の下端の高さしか記載されていません。支持材の高さをしっかりと考えながら、注意して施工しましょう。

# 1 ケーブルラック工事 1.3 様々な部材

北川社長：桜井、これは途中からインサートがずれているな。

桜井先輩：あちゃー。図面見間違ったかな～。

電治郎：桜井先輩。大丈夫ですよ。チャチャっと振っちゃいましょう。

桜井先輩：何が大丈夫だ。調子に乗って覚えたての言葉を使うなよ。ケーブルと違って、そんなに簡単じゃないぞ。どうしようかな…、思い切って曲げるか。でも、**ヤクモノ**も**ジザイ**もなかったな。やっぱり、**アンカー**を打つか。

（何が大丈夫だ。調子に乗って覚えたての言葉を使うなよ。ケーブルと違って、そんなに簡単じゃないぞ。どうしようかな…、思い切って曲げるか。でも、**役物**も**自在継手**もなかったな。やっぱり、**あと施工アンカー**を打つか。）

北川社長：最悪、少し**飛ばしても**いいぞ。ただし、**ボンドアース**を忘れるなよ。

（最悪、少しつながっていなくてもいいぞ。ただし、ボンドアースを忘れるなよ。）

桜井先輩：すみません。さすがに全部のアンカーを打ち直すのは辛いので、ちょっと飛ばします。ボンドアースは14スケアだったかな。

電治郎：（ボンドって、接着剤？）

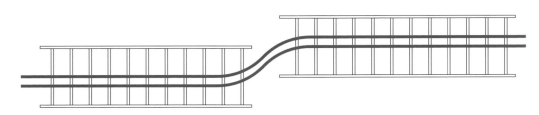

飛ばしたケーブルラック

## 用語解説

### 【役物】

配管やラックなどで、90度曲がっている部材など、直線で定尺の一般型とは違う特殊な形状をした製品。

T型分岐ラック　　　　X型分岐ラック　　　　L型分岐ラック

### 【(自在)継手】

ラックとラックを接合する部材。水配管などの衛生工事でよく使われる表現だが、ケーブルラック工事でも使われる。文中の「自在継手」は、ラックを任意の角度で曲げられる部材のこと。

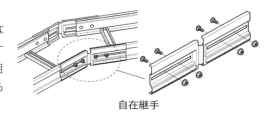

自在継手

### 【あと施工アンカー】

コンクリート打設後に、重量物を固定・支持したい場合に使用する材料。コンクリートにドリルで穴を開け、そこに挿入して使用する。

### 【飛ばす】

配管やラックなどを完全に接合しないこと。それぞれの端部から端部まではケーブルのみで配線が敷設される。

### 【ボンドアース】

配管やケーブルラックに対し、安全上のため施される接地工事に使われる部材のこと。

ケーブルラックボンドアース

##  ワンポイント解説

### ノンボンド継手

　本来は、ケーブルラックの接合部にはすべてアースを接続しなければならないのですが、それでは施工が大変になってしまいます。そこで右図のようなノンボンドタイプという部材がよく使われます。これはその名の通り、ボンドアースを施さなくても、電気的な接続が確保される便利な商品です。ただし、すべての部材にノンボンドタイプがあるわけではありません。自分が使う部材がノンボンドタイプかそうでないか、しっかり確認して作業しましょう。

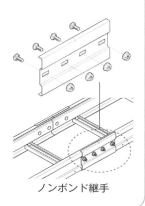

ノンボンド継手

# 1 ケーブルラック工事 1.4 アンカーを打とう

**北川社長：** 桜井、ここは**コッコウショウ仕様**だから、ボンドアースは14を使わないとな。

（桜井、ここは**国土交通省仕様**だから、ボンドアースはIV14を使わないとな。）

**桜井先輩：** 社長、ありがとうございます。材料はあるな。よし、電治郎、振動とゴーグルを持って来てくれ。

**電治郎：** 振動って振動ドリルですよね。了解しました。

**北川社長：** 桜井、あと施工アンカーのやり方も、しっかり電治郎に教えてやってくれ。

**桜井先輩：** わかりました。電治郎、アンカーは**センコウ**サイズが一番重要だぞ。まず、適正サイズの切りさきを探して…っと。コンクリートに穴を開けたら、アンカーを差し込んで、しっかり**トルク**をかけて拡張させるんだ。

（わかりました。電治郎、アンカーは**穿孔**サイズが一番重要だぞ。まず、適正サイズの切りさきを探して…っと。コンクリートに穴を開けたら、アンカーを差し込んで、しっかり**トルク**をかけて拡張させるんだ。）

**電治郎：** 結構面倒ですね。

**桜井先輩：** 今回は**オネジ**アンカーだからな。トルクを掛けずに、叩くだけでいい**メネジアンカー**や**オールアンカー**もあるけどな。

（今回は**雄ネジ**アンカーだからな。トルクを掛けずに、叩くだけでいい**雌ネジアンカー**や**オールアンカー**もあるけどな。）

**電治郎：** 材料って、本当にいろんな種類があるんですね。

## 用語解説

### 【国土交通省仕様】
（こくどこうつうしょうしよう）

正式には、一般社団法人公共建築協会が発行する「公共建築工事標準仕様書（電気設備工事編）」に記載された施工要領のこと。官庁などが発注する公共工事などは当該の仕様で工事が行われる。施主が指定すれば民間工事にも適用される。電気設備工事編以外にも建築工事編や機械設備工事編など、工事種別ごとに発行されている。

### 【穿孔】
（せんこう）

穴のこと。貫通はせずに途中まで掘ったものも「穿孔」と呼ばれる。アンカーは本体が外側に広がることでコンクリートとしっかりつながる構造となっている。そのため、規定より大きな穿孔を開けてしまうと、本来の性能が発揮できず危険である。

### 【トルク】

正確には、回転軸周りの力のモーメントのこと。ただし、電気工事では単純に、ネジやボルトなどの締め付けの意味で使われる。

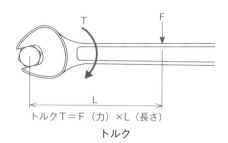

トルクT＝F（力）×L（長さ）

トルク

## ワンポイント解説

### あと施工アンカーの種類

　あと施工アンカーは用途や重量に応じて、以下のように色々な種類があります。非常に便利な製品ですが、正しい施工方法で取り付けないと大きな事故につながってしまいます。必要に応じてメーカーの講習なども受けて正しい施工方法で取り付けてください。

| 方式 | 型 | 種類 | アンカー概要図 | 方式 | 型 | 種類 | アンカー概要図 |
|---|---|---|---|---|---|---|---|
| 打ち込み方式 | 拡張子打込み型 | 芯棒打込み式 | 芯棒 / 本体 / 拡張部 | 締付け方式 | 一般拡張型 | コーンナット式 | ナット / スリーブ / 拡張部 / コーンナット |
| | | 内部コーン打込み式 | コーン / 本体 / 拡張部 | | | テーパーボルト式 | ナット スリーブ 拡張部 / テーパー付ボルト / テーパー部 |
| | 拡張部打込み型 | 本体打込み式 | 本体 / コーン / 拡張部 | | 平行拡張型 | ダブルコーン式 | ナット / コーン 拡張部 スリーブ / コーンナット |
| | | スリーブ打込み式 | テーパー付ボルト スリーブ 拡張部 テーパー部 | | | ウェッジ式 | ウェッジ / ナット / テーパー付ボルト テーパー部 |

アンカー　　出典：一般社団法人日本建築あと施工アンカー協会、あと施工アンカー技術講習テキスト

# 情報コラム

**建設業は「取り合い」が大事**

　「当たる」、「かわす」などの業界用語が多いことからわかるように、建設業は様々な業種が同時に建物を作っていく関係上、機器や配管を他業種と調整しながら限られたスペース内に配置し取り付けていくという作業が発生します。この配置していく行為を、「収める」と呼び、その収めるための調整を「取り合い」と呼びます。取り合いは図面の作図段階で行われ、皆さんが自分で図面を書かなくても、確認や参考意見を聞きたいなどの理由で、この「取り合い」と呼ばれる事前打ち合わせに参加することはあるかもしれません。

　この取り合いのなかで、似たような表現は多く使われます。「かわす」ではなく「よける」という表現を使う人もいますし、スペースを譲るために自分の設備を大きく別の場所に移動したり、ルートを変えたりすることを「逃げる」という言葉で表す人もいます。

　取り合いや収まりに完全な正解はありません。同じ取り合いも100のグループがあれば100の収まりになります。完全な正解が無いので、この取り合いの中では「優先」という言葉もよく使われます。「電気室だからラック優先でお願いします」とか、自設備の機器やラックなどが他設備の吊り材などが干渉する場合に「本体優先だから、吊りは少しよけてください」などと言ったりします。これはある程度、優先設備を決めておくことで、取り合いをスムーズに進めるための1つの手段として存在します。

　このように天井内などの収まりは色々な要素から決定していますので、何か問題が発生した場合は安易に変更するのではなく、他業者と調整したり、現場監督の指示を仰ぐようにしてください。次ページに参考として天井内の収まり状況を載せておきます。

　最後に補足ですが、今回は収まりを調整する打ち合わせとして、「取り合い」という言葉を紹介しましたが、本来、「取り合い」とは、あるものと、ほかのものの接続部を表す言葉です。これは物理的な接続部のほか、配管を他業種のものとつなぐ場合は、どちらがつなぐかなどの工事的な接続のニュアンスも含みます。「収まり」と「取り合い」は建設業では非常に多く使われる言葉なので、ぜひニュアンスを押さえて、現場で使いこなしてください。

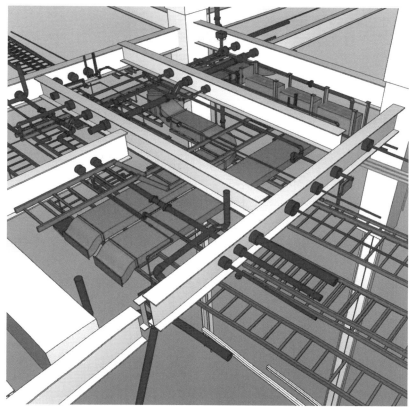

天井内の収まり状況

## 2 レースウェイ工事 光が遮られないように

**桜井先輩：**ふ〜ぅ、ラックも何とか収まったし、次は**レースウェイ**をやるか。

**電治郎：**レースウェイ！なんだかカッコイイ響きですね。それ何ですか？

**桜井先輩：**別にカッコイイもんじゃないけど…。やっていけばわかるよ。全ネジ吊って、支持材までは俺が付けておいたから、**デーピーワン**を吊っていって。

（別にカッコイイもんじゃないけど…。やっていけばわかるよ。全ネジ吊って、支持材までは俺が付けておいたから、**DP1**を吊っていって。）

**電治郎：**わかりました。（DP1ってこれかな？）あれっ、桜井先輩。端っこに支持材がありませんよ。忘れていませんか？

**桜井先輩：**忘れてないよ。そこは**壁ドン**にするから、とりあえず壁までの長さで切っておいて。

（忘れてないよ。そこは**壁固定**にするから、とりあえず壁までの長さで切っておいて。）

**電治郎：**（壁ドンって、桜井先輩（ニヤッ））

**桜井先輩：**吊り終わったら、IVで配線して。**100V**だから**黒白1本ずつ**。アースを忘れるなよ。電治郎が配線している間に、俺は**フレドメ**をとっておくから。

（吊り終わったら、IVで配線して。100V回路だから黒と白を1本ずつ配線。アースを忘れるなよ。電治郎が配線している間に、俺は振れ止めをとっておくから。）

レースウェイ

## 用語解説

**【レースウェイ】**
天井のない部屋などで照明の光が配管やダクトなどに遮られないように、天井スラブからある程度下がった場所に吊り下げられる照明器具支持と配線ルートを兼ねた部材。正式には「2種金属線ぴ」と呼ばれる。

**【DP1】**（デービーワン）
前述のダクターチャンネル®とほぼ同じ形状だが、支持材であるダクターチャンネルは、返しの部分に、のこぎり状に波打たせたローレット加工が施してあるが、DP1にその加工はない。また、ダクターチャンネルは金属線ぴではないので、その中にIVを配線することは、電気技術基準上認められていない。ダクターチャンネルのD1と同じくネグロス電工（株）の品番だが、同社の製品が非常に有名なため、品番で呼ばれることが多い。D1と同じくDP1はサイズを表し、少し大きなDP2という商品もある。

**【壁ドン】**（かべ）
配管やラックなどを壁にぶつかるまで伸ばすこと。端部は壁から固定することが多い。

**【振れ止め】**（ふれど）
レースウェイが揺れないように施す固定のこと。壁や梁で端部を固定したり、斜めの支持材を入れたりすることにより、揺れを防止する。

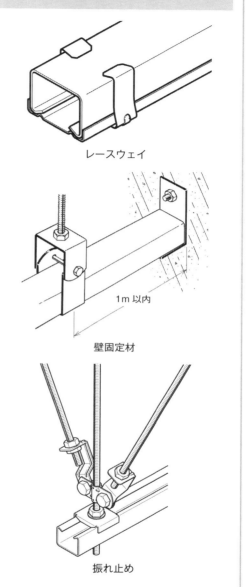

レースウェイ

1m 以内

壁固定材

振れ止め

 **ワンポイント解説**

**電線の色**

　電線で配線する場合、通常100V回路は黒と白、200V回路は黒と赤のIVを配線します。アースは100V、200V関係なく、常に緑色を使用します。最近はケーブル工事が多いため、電線の色をそこまで意識しなくなっていますが、電線の色別は電気工事としての基本なので、しっかり意識して工事しましょう。

# 3 露出配管工事 3.1 バックヤードの主役 金属管

**桜井先輩：**よしっ、次は壁のスイッチとコンセントをやっていくか。

**電治郎：**配管からですね。PF管と44ボックスを持って来ます。

**桜井先輩：**待て待て、慌てるな。電治郎はそうやってすぐ覚えたての言葉を使いたがるなぁ。ここは**ロシュツハイカン**だよ。**Eの25**を3本とカップリング2つ、あと**角の1ポウデ**を2つ持って来てくれ。

（待て待て、慌てるな。電治郎はそうやってすぐ覚えたての言葉を使いたがるなぁ。ここは露出配管だよ。金属管E（25）を3本とカップリング2つ、あと四角型の露出ボックスで配管のつなぎ口が1つのものを2つ持って来てくれ。）

**電治郎：**Eって何ですか？サイズのことですか？

**桜井先輩：E管**だよ。サイズじゃないよ。金属のパイプにE25って書いてあるものが材料置き場に置いてあるよ。

（ねじ無し電線管だよ。サイズじゃないよ。金属のパイプにE25って書いてあるものが材料置き場に置いてあるよ。）

**電治郎：**了解です。探してみます。

**桜井先輩：**あと、**ノーマル**も1つ必要だな。

**電治郎：**ノーマル？アブノーマルな材料もあるんですか？

**桜井先輩：**そんなわけないだろ（笑）。最初から90度曲がった配管があるから、それを1つ持って来て。

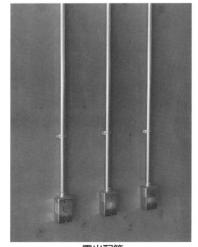

露出配管

## 用語解説

**【露出配管工事】**

配管が壁の中などに隠蔽されず、目に見える場所に施される工事のこと。機械室などのバックヤードで多く行われ、金属管で行うことが多い。

**【金属管】**

金属製の電線管には、「ねじ無し電線管（E管）」、「薄鋼電線管（C管）」、「厚鋼電線管（G管）」の3種類がある。屋内では「ねじ無し電線管」、屋外では「厚鋼電線管」が使われることが多い。

**【露出ボックス】**

壁に露出で取り付けられることを想定して作られたボックスのこと。金属製や樹脂製のものがある。配管をつなげやすいように、「ハブ」と言われる接続部分が最初から取り付けられており、ボックスの形状とハブの数を組み合わせて、「(形状)の〇方出」のような呼び方をする。

**【ノーマル】**

最初から90度曲がった状態の配管のこと。

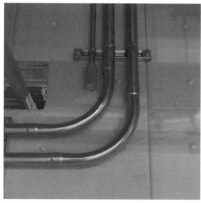

ノーマル

##  ワンポイント解説

**電線管のねじって？**

　「ねじ無し電線管」って変な名前だな、と思った人もいるのではないでしょうか。配管同士をつなぐ場合は、もともとは「ねじ切り」と言って、端部に溝を切ってねじ加工し接続していました。しかし、それでは施工が大変なので、ねじを切らなくても配管同士をつなぐことができるカップリングが開発されました。ねじを切らなくてよい分、配管の厚さを薄くしたものが、ねじ無し電線管です。施工が簡便なため、現在の屋内工事では、ほとんどねじ無し電線管が使われます。

## 3 露出配管工事 3.2 プリカチューブで曲げよう

桜井先輩：うーん、ノーマルじゃうまく合わないな。**ベンダー**で曲げてもいいけど、今回は**プリカ**を使うか。

（うーん、ノーマルじゃうまく合わないな。**金属管加工用の専門工具**で曲げてもいいけど、今回は**金属製可とう電線管**を使うか。）

電治郎：桜井先輩、露出配管ってどうやって固定するんですか？

桜井先輩：いろんなやり方があるけど、今回は**サドルドメ**にするよ。

（いろんなやり方があるけど、今回は**サドル**で固定するよ。）

電治郎：サドルって、自転車みたいですね。

桜井先輩：よし、だいたい形になったな。最後はレースウェイとの**取り合い**のところに**プルボックス**を付けたら配管は完成だ。

電治郎：この鉄の箱がプルボックスですね。

桜井先輩：そうだよ。電治郎は、俺がプルボックスを付けている間に配管の**ねじを飛ばして**おいてくれ。

（そうだよ。電治郎は、俺がプルボックスを付けている間に配管の**接続部のねじを切れるまで締めて**おいてくれ。）

電治郎：なんでねじを飛ばすんですか？

桜井先輩：**電気的接続**をとるためだよ。ラックのボンドアースの代わりみたいなもんだな。

電治郎：電気的に接続??

## 用語解説

**【ベンダー】**
金属管を曲げるための工具。下手に使うと曲げた部分を押しつぶしてしまうなど、使用するにはある程度の訓練が必要。

ベンダー

**【金属製可とう電線管】**
可とう性のある(容易に曲げることが可能な)金属管のこと。通常の金属管では施工が難しい場所や、ファンなどの機械の振動を伝搬したくない個所などに使用される。「プリカチューブ」とも呼ばれる。

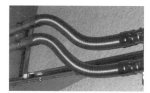
金属製可とう電線管

**【サドル】**
電線管を壁や天井にじかに固定するための部材。金属製のものと樹脂製のものがあり、通常、金属管には金属製サドル、PF管等の樹脂配管には樹脂製サドルが使われる。配管をまたぐように2点支持するものを「両サドル」、1点のみで支持するものを「片サドル」と呼ぶ。

サドル

**【プルボックス】**
電線の中継や結線に用いられる箱。配管は長くなればなるほどケーブル入線が困難になるため、一定の距離ごとにプルボックスが設けられる。また、電線は配管内でのジョイントは禁止されているので、ジョイント用のボックスとしても設けられる。配管と同じく、金属製と樹脂製がある。

**【電気的接続】**
接地工事で用いられる表現で、ラック同士や配管同士、またはラックと金属管や電気機器などを機械的な接触により電気が容易に流れる状態にすること。

プルボックス

##  ワンポイント解説

### ねじ無しカップリングのネジを飛ばす?

「ねじ無しカップリングって言うけど、ネジがついているよね。」という困惑した声をたまに聞きます。現在の電気工事では配管の接続のために、ねじを切ることはほとんどないため、当然かもしれません。ここで言われているネジは用語解説の通り、配管を電気的に接続するためのビスです。このビスを締め込むことで電線管本体にビスが食い込み、配管同士が電気的に接続された状態になります。

※ここでは、配管同士をつなぐための端部の加工を平仮名の「ねじ」、電気的接続のためのビスをカタカナの「ネジ」で表記

ねじ無しカップリング

## 3　露出配管工事 3.3 アースを落とそう

**電治郎：**桜井先輩、配管同士はつながりましたけど、これじゃあ、接地は取れてないんじゃないですか？

**桜井先輩：**いいところに気づいたな。接地は**電源を引っ張った**後に、プルボックス内の結線部分から**ひげ出して**取るんだよ。

（いいところに気づいたな。接地は電源の電線を配線した後に、プルボックス内の結線部分から別に分岐させて取るんだよ。）

**電治郎：**ひげ出してからどうするんですか？（それ以前に、ひげが何かわからないけど）

**桜井先輩：**最後は、**ラジアス**を使って、配管に**アースを落と**すんだよ。

（最後は、ラジアスクランプを使って、配管に接地を取るんだよ。）

**電治郎：**落とすって、危なくないですか？

**桜井先輩：**配管を本当に落とすわけじゃないよ。こうやってアースをつないでいって、最後は地面につなげるんだよ。前に接地工事をやっただろ。最後はあそこにつながるんだよ。

**電治郎：**そうなんですか、あのへんてこな棒は、実はすごく大事なものだったんですね。

**桜井先輩：**へんてこって(苦笑)、とにかく接地は電気の基本だから忘れないようにするんだぞ。

**北川社長：**ラックや配管は1か所でもアースをつなぎ忘れると、そこから先がまったく接地が取れていないことになってしまう。1つ1つの工事を丁寧にやっていくんだぞ。

## 用語解説

**【引っ張る】**

配線すること。物理的に引っ張らなくても、電線を配線することを「引っ張る」と表現する。

**【ひげ出し】**

配線されている電線から、本線より細いサイズの分岐線を取り出すこと。文中のようなアース線の取り出しのほか、距離の関係で太い電線を配線した場合などに、器具に接続可能な細いサイズの電線につなぎ変えたり、複数の出線を1つにまとめたりする場合にも使われる。

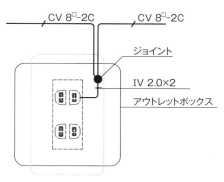

CV 8□-2C   CV 8□-2C

ジョイント

IV 2.0×2

アウトレットボックス

ひげ出しのイメージ

**【ラジアスクランプ】**

接地線として使う電線の導体と金属管を一緒に巻き付けることにより、電気的接続を得ることができる部材。

**【アースを落とす】**

接地線を配管や器具などに接続すること。万が一、電気が漏れた場合は、その電気は、接地線を通じて最後には大地（アース）に流れていくため、「落とす」という表現が使われる。

ラジアスクランプ

ラジアスクランプ
左：ラジアスクランプ本体　右：配管に取り付けた状況

##  ワンポイント解説

### 接地は何のため？

　何のために接地を取る（アースを落とす）のでしょうか。何のために電気的接続が必要なのでしょうか。

　結論を言ってしまえば安全のためです。用語解説にも書きましたが、万が一電気が漏れた場合、しっかり接地が取れていれば電気は大地に流れます。電気は流れやすい方に流れるので、接地が取れていれば、仮に人間が触っても電気の流れにくい人間の方に流れることはありません。要は感電しないということです。そのために接地極の抵抗値や接地線のサイズなどは電気技術基準でしっかりと決められています。しっかり確認して安全な電気設備を構築するようにしてください。

# 4 盤据え付け工事 4.1 盤って何？

**北川社長：** この機械室のレースウェイや配管はだいたい終わったな。今日は
いよいよ**バン**を据えるか。

（この機械室のレースウェイや配管はだいたい終わったな。今日はいよい
よ盤を据えるか。）

**電治郎：** 桜井先輩、盤って何ですか？

**桜井先輩：**（改めて聞かれると、答えるのが難しいな）
まぁー、でっかい鉄の箱だよ。

**北川社長：** 桜井、適当に教えるんじゃない。電治郎、盤というのは、簡単に
言うと、入ってきた電源を分岐して送り出す装置だ。盤の中には
**遮断機**や**リレー**が入っていて、それで機器の制御や電線の保護を
行うんだよ。

（桜井、適当に教えるんじゃない。電治郎、盤というのは、簡単に言うと、
入ってきた電源を分岐して送り出す装置だ。盤の中には**ブレーカー**や
**リレー**が入っていて、それで機器の制御や電線の保護を行うんだよ。）

**桜井先輩：** ははっ、電治郎にはまだ難しいかな。今度じっくり中身を見せて
やるよ。

**電治郎：** どうもありがとうございます。（ちゃんと答えられなかったのに
偉そうに）
ところで社長、どうやって据え付けていくんですか？

**北川社長：** この盤は**自立**だからベース取り付けのアンカー打ちからだな。桜
井、雄ネジアンカーと、**ライナー**を持って来てくれ。

（この盤は**自立**だからベース取り付けのアンカー打ちからだな。桜井、雄
ネジアンカーと、**レベル調整金物**を持って来てくれ。）

## 用語解説

【盤】
入ってきた電源を分岐して、末端の機器へ電気を供給する装置。分岐した回路は、それぞれ個別のブレーカー（遮断機）が取り付けられ、回路ごとに保護される。電気をただ供給するだけでなく、外部からもらった信号などにより電源の入り切りを行ったり、異常時に警報を出力するような機能も持っている。

【遮断機】
設定された値を超える電流が流れた際に、危険を防止するために自動的に電気の供給を遮断する装置。「ブレーカー」とも呼ばれる。この自動遮断機能がないものは「開閉器」と呼ばれる。スイッチは開閉器の一種である。

【リレー】
電気の力で動かすスイッチ。外部からの電気信号によりON–OFFを切り替えたり、逆に外部に対して信号を出力する役目を担う。

自立盤　　　　　　　　　壁掛け盤

【自立盤・壁掛け盤】
「自立盤」は自重を床面のみで支える形状の盤。壁面で支えるものは「壁掛け盤」と呼ばれる。

【ライナー（プレート）】
水平に調整するために使用する薄い小型の鉄板のこと。色々な厚さの鉄板を組み合わせて水平になるように調整していく。

ライナー

 ワンポイント解説

**色々な盤**

　盤の種類には様々なものがあります。配電盤、分電盤、電灯盤、動力盤、制御盤、端子盤などでしょうか。弱電設備が収納される端子盤の定義はある程度明確ですが、その前の5つに明確な定義はありません。強いて言えば、配電盤は建物の大もとの電気室に設置される盤を指すことが多く、分電盤は住宅用の小さな樹脂製の盤をイメージする人が多いです。電灯盤、動力盤は電源の種類によって呼び名が変わります。現場で見ることがあれば、中身をしっかり見て、違いを勉強してください。

# 4 盤据え付け工事 4.2 水平に立てよう

**桜井先輩**：ライナーをこっち側に差し込んで、と。よしっ、こんな感じで**ベース**はOKだな。

（ライナーをこっち側に差し込んで、と。よしっ、こんな感じで**チャンネルベース**はOKだな。）

**電治郎**：桜井先輩、その変な棒は何ですか？

**桜井先輩**：変な棒って…、**スイヘイキ**だよ。使ったことなかったっけ。今度説明してあげるよ。

（変な棒って…、**水平器**だよ。使ったことなかったっけ。今度説明してあげるよ。）

**北川社長**：ラック工事の時に説明しているはずだぞ。桜井、また説明を省いたな！

**桜井先輩**：（ギク！）電治郎、さっさと盤を**タテル**ぞー。

（（ギク！）電治郎、さっさと盤を**立てる**ぞー。）

**桜井先輩＆電治郎**：せーの！ふ〜ぅ、よし、無事完了。

**電治郎**：桜井先輩、盤ってピカピカしていてキレイですね。

**桜井先輩**：**グレーサビ**のプルボックスと違って、**ヤキツケ**だからな。電治郎、腰道具をぶつけないように注意しろよ。傷つけて**タッチアップ**の仕事を増やすな。

（**グレーさび止め塗装**のプルボックスと違って、**焼付塗装**だからな。電治郎、腰道具をぶつけないように注意しろよ。傷つけて**補修塗り**の仕事を増やすな。）

## 用語解説

**【チャンネルベース】**

自立盤を据え付ける際に使用される台座。据え付けの際に、水平をとりながら、いきなり盤本体を床面に固定するのは難しいため、先にチャンネルベースを水平に取り付け、そのチャンネルベースと盤本体をボルトなどで連結させ盤本体を固定していく。

**【水平器】**

水平を見る工具のこと。中央付近に気泡が封入された液体が入っており、その気泡の位置で水平を確認する。「水準器」とも呼ばれる。

**【(盤を)立てる】**

自立盤を設置すること。現場に搬入して、据え付け前に仮置きとして横にして置いてある盤は、「寝かしてある」と表現される。

**【グレーさび止め塗装】**

電気工事において、文中のプルボックスや支持
鋼材などで一般的に使われる塗装のこと。その名の通り、灰色のさび止め塗料が塗ってある。一定の防錆効果はあるが、強力なものではないので、屋外などでは使用されない。

**【焼付塗装】**

専用の塗料に熱を加えて硬化させる塗装方法。耐久性に優れるため、電気設備においては、盤などの重要機器の塗装によく用いられる。

**【タッチアップ】**

小型の刷毛などを用いて、部分的に塗料を塗って補修すること。

チャンネルベース

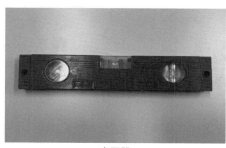

水平器

 **ワンポイント解説**

**焼付塗装とタッチアップ**

　なぜ、焼付塗装をするかというと、現場での工程短縮のためということもありますが、塗装が長持ちするため内部の金属部分の劣化が防げるからです。

　一方、傷つけてしまった際に行われるタッチアップでは、単純に塗料を塗っているだけなので、劣化の速度は焼付塗装部分より早くなります。傷つけたらタッチアップをすればよいと安易に考えず、細心の注意を払って傷つけないように作業しましょう。

## 5　幹線工事　電気室から盤へ

**北川社長：**盤も据わったし、**カンセン**を引いていくぞ。

（盤も据わったし、**幹線**を引いていくぞ。）

**桜井先輩：**社長、機械室の前で、いったん床に**ハチカキ**ますか？

（社長、機械室の前で、いったん床に**8の字に重ねて並べ**ますか？）

**北川社長：**そうだな、その方がよいだろうな。

**電治郎：**桜井先輩、8をかくって何ですか？

**桜井先輩：**ラックルートが曲がってたりすると、ケーブルをいっぺんに引っ張るのは難しいから、いったん途中でラックから引き出して、巻きだめた後にそこから再度引っ張るんだよ。8をかかないと**キンク**しちゃうんだよ。

（ラックルートが曲がってたりすると、ケーブルをいっぺんに引っ張るのは難しいから、いったん途中でラックから引き出して、巻きだめた後にそこから再度引っ張るんだよ。8をかかないと**よじれ**ちゃうんだよ。）

**電治郎：**（よくわからないけど）大変そうですね。

**桜井先輩：**せーの！なんとか引けたな。あとは盤に**取り込ん**でから、**端子あげして、はさみ込めば**OKだな。

（せーの！なんとか引けたな。あとは盤に**ケーブルを入れて**から、**端子を付けて、接続すれば**OKだな。）

**北川社長：**この前みたいに、**キャップ**を付け忘れるなよ。

（この前みたいに、**端子キャップ**を付け忘れるなよ。）

**桜井先輩：**社長、今回は大丈夫です。

## 用語解説

**【幹線】**

大もとの電気室などから各盤へ供給される電気系統のこと。比較的大きな電流が流れるため、太いサイズのケーブルが使用される。

**【8をかく】**

数字の8の字のようにケーブルを重ねて並べていくこと。重ね終わったらひっくり返して、再度目的方向へ配線していく。

8の字

**【キンク】**

電線がよじれて小さな結び目のような輪ができること。被覆の欠損や断線の原因になる。そのため、前述のように8の字にケーブルを並べて、配線時に起きるねじれを交互にすることで、キンクの発生を防止する。

キンク

**【端子】**

ケーブルの先端をブレーカーなどと接続する場合に用いられる部材。中央に穴が開いた丸形や先端が開放されたU字型などがある。電源線では主に丸形が用いられ、圧着工法で接続されることが多い。端子を取り付けることは「（端子を）あげる」と表現される。

端子

**【端子キャップ】**

端子接続部分の絶縁処理および識別のために用いられるビニール製のチューブ。「チップ」と言う人もいる。

---

 **ワンポイント解説**

**端子キャップの色別**

　レースウェイ工事の項目で説明しましたが、電線の色分けは電気設備の管理上非常に重要です。幹線設備においては、赤、白、黒、青の組み合わせで電源の種類や電圧を表現します。しかしながら、幹線設備で主に使われるCVTケーブルの心線の色は、基本的に赤・白・黒です。通常は心線と同色のキャップを取り付けますが、電源種別と心線の色が合わない場合は、端子キャップの色を変えることにより電源種別を表します。

端子キャップ

# 1 盤結線工事 1.1 まずはクセ取り

**桜井先輩：**今日は**バンケツ**か、腕が鳴るな。

（今日は**盤結線**か、腕が鳴るな。）

**電治郎：**バンケツって（何かわかってないけど）、難しいんですか？

**桜井先輩：**難しいな。ケーブルの**クセ**を取って、**セイセン**して、**リングを作って**、**はさみ込んで**…、やることも多いしな。

（難しいな。ケーブルの**クセ**を取って、**整線**して、**先端を環状に加工**して、**接続端子台に接続**して…、やることも多いしな。）

**北川社長：**電治郎、盤結線は「盤の扉を開けて中を見れば、そこを工事した電工の腕がわかる」と言われるくらい、実力の差が歴然と出る仕事なんだ。

**電治郎：**自分もやってみたいです！

**桜井先輩：**電治郎にはまだ早いよ。今回は俺の**手元**をやって、しっかり勉強するんだな。

（電治郎にはまだ早いよ。今回は俺の**補助作業員**をやって、しっかり勉強するんだな。）

**北川社長：**桜井、偉そうに言っているが、お前もまだまだだ。今回はスピードも意識して作業するんだぞ。

結線状況

**桜井先輩：**今回は自信があります。

**電治郎：**（しっかり見ておこうっと）

## 用語解説

**【盤結線】**
ばんけっせん

電灯盤や動力盤などに取り込んだケーブルをブレーカーの出力端子台などに接続していくこと。各ブレーカーには回路番号や負荷名称が記されており、図面や現地の状況に合ったブレーカーに接続していく。

**【クセ】**

ケーブルや電線についた曲がりのこと。ケーブルは主に銅やアルミの線でできているので、針金のように、一度曲げるとその形であり続ける。単線はより線に比べて心線の径が太いため、クセがつきやすく、クセを取りづらい。

ケーブルのクセ

**【整線】**
せいせん

前述したクセを取り、ケーブルを整然と絡み合っていない状態にして並べていくこと。整線後は一定数のケーブルをまとめて縛って、整えておくことが多い。

**【リング】**

単線のケーブルをブレーカーの出力端子などに接続するために、先端に施す環状の加工のこと。

リング

**【手元】**
てもと

作業補助を行う人員。作業中に工具を手渡したり、資材置き場に材料を取りに行ったり、作業場の片付けなどを行ったりする。「こどり」などとも呼ばれる。

 **ワンポイント解説**

### ケーブルのクセ取り

　ケーブルは、配線時や盤への取り込み時に様々な力が掛かっているので、盤内に取り込まれた時は、クネクネとクセがついた状態になっています。これを親指と人差し指で挟んだ状態で引っ張ることにより（この行為は「しごく」と表現されます）、真っすぐにしていきます。その際は、必ず手袋を着用して作業をしてください。見よう見まねでケーブルをしごいた初心者が、指先を摩擦やけどするのは、現場でよく見る光景です。

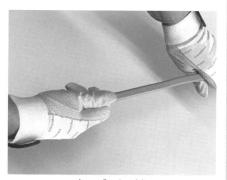

ケーブルしごき

# 1 盤結線工事 1.2 キレイにはさもう

**桜井先輩：**社長、終わりました。確認をお願いします。

**北川社長：**（ジーッ）40点だな、まず汚い。あと、この**遊んでいる**ケーブル
は何だ？

（（ジーッ）40点だな、まず汚い。あと、この**余っている**ケーブルは何だ？）

**桜井先輩：**いや、どの回路かわからなかったので…。

**北川社長：**わからないからって、そのままにするやつがあるか。それに3本、
**共ばさみ**にしているところもあるじゃないか。

（わからないからって、そのままにするやつがあるか。それに3本を1つ
のブレーカーに一緒に接続しているところもあるじゃないか。）

**桜井先輩：**すいません。3本以上はひげ出しでしたね。

**北川社長：**それに1か所はさみ間違っているぞ。ちゃんと図面を見たか？電
線の剥きも少ないな。これでは、はさみ込む時に**被覆をかんで**し
まうぞ。

（それに1か所はさみ間違っているぞ。ちゃんと図面を見たか？電線の剥
きも少ないな。これでは、はさみ込む時に**被覆を間にはさん**でしまうぞ。）

**電治郎：**やっぱり盤結線って難しいんですね。

**北川社長：**前回は**CV**が多かったが、今回はほとんど**エフ**だったからな。クセ
取りや被覆剥ぎなどの下準備が大事なことがよくわかっただろう。

（前回は**CV**ケーブルが多かったが、今回はほとんど**VVF**ケーブルだった
からな。クセ取りや被覆剥ぎなどの下準備が大事なことがよくわかっただ
ろう。）

**桜井先輩：**はい、よくわかりました。

## 用語解説

**【遊んでいる】**

ケーブルなどが盤内でどこにも接続されずに余っている状態のこと。盤内だけでなく、ラック上など配線途中で、どこにもつながっていないケーブルなどにも同様の表現が使われる。

**【共ばさみ】**

1つのブレーカーの出力端子に2本以上のケーブルを接続すること。

共ばさみ

**【被覆をかむ】**

ブレーカーの出力端子にケーブルを接続する際、接続用のビスやケーブルを押さえる座金を締め込む時に、被覆にビスや座金が掛かった状態で締め込んでしまうこと。電気の流れる場所が少なくなるため、発熱し火災が発生する可能性があり、非常に危険である。

被覆をかんだ状態

**【CVケーブル・VVFケーブル】**

CVケーブル：架橋ポリエチレン絶縁ビニールシースケーブル。通常、黒い外装をしたより線で構成される電力ケーブル。5.5スケア以上の比較的大きな電流を流す場合によく使われる。

VVFケーブル：ビニール絶縁ビニールシースケーブル。電気工事の電源線で一番よく使われる。単線のビニール絶縁電線が2、3本並べられて、平ら（フラット）な状態でビニールシースに覆われた構成のケーブル。心線の径が2.0mm（断面積3.5スケア相当）以下の場合によく使用される。シースは様々な色があるが、グレーが使われることが多い。

 ## ワンポイント解説

### ケーブル接続時の注意点

ここではブレーカーの出力端子への接続時の施工不良の1つとして、被覆をかんでしまう例を挙げました。

そのほかにも知識不足、経験不足の施工不良は多々ありますが、一番多いのは用語解説でも紹介した、共ばさみによる施工不良です。電線の接続は簡単に言うと、電線と端子を多く密着させることが必要なのですが、共ばさみを不適切に行うと、その面積が確保できず、発熱、出火の原因となります。正しい施工方法を学び、絶対に不具合を起こさない接続を行いましょう。

共ばさみによる不具合
上：片側に2本差し込んで座金が傾いてしまっている例
下：隙間に無理やり差し込んだ例

## 2　器具取付工事 2.1 ストリップゲージを確認しよう

**桜井先輩**：よし、電治郎、今日は器具付けをやってみるか。

**電治郎**：何の器具付けですか？

**桜井先輩**：まずはこの部屋の照明だな。渡り配線もボード開口も終わっているから、あとは付けていくだけだ。ケーブルの接続は**黒白パラって**いけばいいだけだから簡単だろ。

（まずはこの部屋の照明だな。渡り配線もボード開口も終わっているから、あとは付けていくだけだ。ケーブルの接続は黒線と白線を並列につないでいけばいいだけだから簡単だろ。）

**電治郎**：パラ??

**桜井先輩**：俺の**ストリッパー**を貸してやるから、それを使えよ。ちゃんと器具の**ストリップゲージ**を見るんだぞ。

（俺のケーブルの被覆剥ぎ専用工具を貸してやるから、それを使えよ。ちゃんと器具の**必要剥きしろ表示**を見るんだぞ。）

**北川社長**：桜井、第一電源は**ゴーゴー**じゃなかったか？**ボウタン**もいるんじゃないのか？

（桜井、第一電源は5.5mm$^2$じゃなかったか？**棒端子**もいるんじゃないのか？）

**電治郎**：パラパラ、ストリッパー、ゴーゴーって…。（昭和かっ）

**桜井先輩**：あっ、そうでしたね。圧着ペンチも用意します。

**北川社長**：なんでも段取り八分だからな。材料と工具はしっかり揃えてから作業を開始するんだぞ。

**電治郎**：（段取りって大事なんだな～）

## 用語解説

**【パラ（結線）】**

並列（パラレル）に電線を接続すること。具体的には同色の心線同士を接続すること。

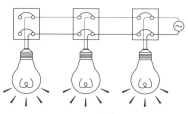

パラ結線

**【ワイヤーストリッパー】**

ケーブル・電線の被覆剥ぎの専用工具。様々なタイプのものがある。心線のサイズに適合した穴が開いており、適合サイズの穴に電線を入れた状態でワイヤーストリッパーを握って被覆を剥ぐことにより、心線に傷をつけることなく作業することができる。絶縁被覆だけでなく、シースを剥けるようなタイプも存在する。

ワイヤーストリッパー

**【ストリップゲージ】**

該当器具に対し、被覆をどこまで剥けばよいかが示されたゲージのこと。

ストリップゲージ

**【ケーブルサイズの呼び方】**

前述の通り、ケーブルサイズは基本的に断面サイズで呼ばれる。文中のように5.5mm$^2$は「ゴーゴー」、8mm$^2$は「8スケ」、14mm$^2$は「14スケ」などと呼ばれる。細いサイズの単線ケーブルは、心線の外径で「2mm（ニミリ）」「1.6mm（イチロク）」などと呼ばれる。

**【棒端子】**

圧着端子の先端が棒状になったもの。より線はその構造上、そのまま差し込み穴に差し込むことができないので、棒端子をあげて接続する。別のやり方としては、単線をひげ出しして接続する方法もある。

棒端子

 ワンポイント解説

**端子あげは、より線だけ**

　用語解説で棒端子が出てきましたが、端子をあげて接続するケーブルは、より線だけです。より線は前述の通り、細い線を編み込んでできているケーブルなので圧着してつぶしても、変形してしっかり端子とつながります。

　一方、単線は、より線ほど変形しないので、端子をあげてしまうと、折れてしまう場合があります。単線の場合は、リングを作るなどして接続しましょう。

## 2　器具取付工事 2.2 極性を確認しよう

**北川社長**：電治郎、桜井が「パラだから」と簡単に言っていたが、**キョクセイ**のことはわかっているか？

（電治郎、桜井が「パラだから」と簡単に言っていたが、**極性**のことはわかっているか？）

**電治郎**：正直、よくわかりません。

**北川社長**：そうだろうな。桜井、ちゃんと器具を見せて説明をしなさい。

**桜井先輩**：わかりました。**接地側**表示の説明をしっかりしておきます。

**電治郎**：桜井先輩、器具付け、終わりました。ふと思ったんですけど、ここは第一電源をそのままつなぎましたが、スイッチはないんですか？

**桜井先輩**：おっ、鋭いな。ここは**リモコン**だから、スイッチ結線は、いらないんだよ。

（おっ、鋭いな。ここは**リモコンブレーカー**からの供給回路だから、スイッチ結線は、いらないんだよ。）

**電治郎**：リモコンだからですか…。

**桜井先輩**：今度、説明してやるよ。とりあえず今は、コンセントを付けちゃおう。さっきと同じくパラで渡りだ。付けるコンセントは、**豚鼻**の二口な。

（今度、説明してやるよ。とりあえず今は、コンセントを付けちゃおう。さっきと同じくパラで渡りだ。付けるコンセントは、**接地極付き3Pコンセント**の二口な。）

**電治郎**：ぶっ、豚鼻？？

## 用語解説

### 【極性・接地側表示】

交流電源にも、直流電源のプラスとマイナスのような「極」が存在する。交流の場合は「電源（ホット）側」、「接地（アース）側」と表現される。通常の器具では、接地側を接続する極に「W」の文字が記されている。

### 【リモコン回路】

電灯盤内に設置されたリモコンブレーカーを、別途設置したリモコンスイッチなどの信号によりON-OFFさせ、電源の供給、遮断を切り替える回路。リモコンスイッチだけでなく中央装置からのON-OFFも可能で、将来の改修時にも変更対応が容易なため比較的大きな建物でよく使われる。

接地側表示

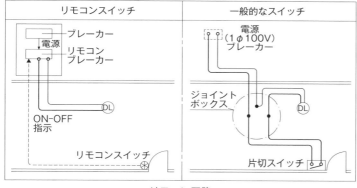

リモコン回路

豚鼻コンセント

### 【豚鼻コンセント】

通常のコンセントに、アース極が付加された形状のコンセント。見た目が豚の鼻に似ていることから、「豚鼻コンセント」と呼ばれる。

---

 ワンポイント解説

### 接地側と接地はまったく別物

専門的な話は省略しますが、「接地側」と「接地」はまったく別のものです。簡単に説明すると、接地側は電気の戻り道で、接地は万が一の場合の電気の逃げ道です。基本的に電気は「電源側」から出て行って、「接地側」に戻って来なければなりません。これが、途中の経路で「接地」に流れてしまうと、「漏電」というトラブルになります。

ちなみに、なぜこんな紛らわしい呼び方をするのかは、単相3線式という、配電方式の仕組みがわかれば理解できます。興味のある人は、ご自身で調べて勉強してみてください。

# 2 器具取付工事 2.3 記号をよく見て

**桜井先輩：** あとは周りの小部屋のスイッチとコンセントを付けたら、ひと段落だな。電治郎、付けるスイッチやコンセントは、図面に何て書いてある？

**電治郎：** よくわかりませんが、スイッチは**黒い丸**の横にLとかHとか書いてあります。コンセントはETと書いてあるものもあります。

**桜井先輩：** わかった。**オンピカ**と**ホタル**か。コンセントは**アース端子付き**も使うんだな。

（わかった。**投入時点灯スイッチ**と**開放時点灯スイッチ**か。コンセントは**アース端子付き**も使うんだな。）

**電治郎：** 材料を持って来ましょうか？

**桜井先輩：** いや、電治郎はどれを使えばいいかわからないだろ。俺が**マクバッテいく**から、取り付けていってくれ。

（いや、電治郎はどれを使えばいいかわからないだろ。俺が**間配りする**から、取り付けていってくれ。）

**電治郎：** 桜井先輩、取り付け完了しました。

**桜井先輩：** どれどれ。あ〜、電治郎、やっちゃったな。コンセントが逆さまだよ。

**電治郎：** コンセントに向きなんてあるんですか？

**桜井先輩：** あるよ。よーくコンセントの穴を見てみな。何か気づかないか？

**電治郎：** （じーーーーっ）あっ！穴の大きさが違いますね。

## 用語解説

**【スイッチ記号、コンセント記号】**

図面上に表現されるシンボルとして、スイッチ
は黒丸、コンセントは丸の中に2本線で表され
ることが多い。記号の横に書いてある文字は
「傍記（ぼうき）」と言い、スイッチやコンセントの細かい
種類が記号で示されている。

**【オンピカスイッチ、蛍（ほたる）スイッチ】**

スイッチ自身が、ONにされた時に光るものを
「オンピカスイッチ」、OFFにされた時に光る
ものを「ホタルスイッチ（オフピカスイッチ）」と
言う。前者は換気扇など、動いていることがわ
かりにくい機器のスイッチなどに使われ、後者
は住宅の玄関など、暗い場所でスイッチの場所を見つけやすく
したい場合に使われる。

**【アース端子（たんし）付きコンセント】**

豚鼻コンセントのように、アースがプラグで差し込まれる形状
でなく、端子台形状になっているもの。一般家庭では、洗濯機
のコンセントなどによく使われる。

**【投入（とうにゅう）・開放（かいほう）】**

ブレーカーやスイッチをONにすることは「投入」、OFFにす
ることは「開放」と言う。

**【コンセントの穴（あな）】**

コンセントの穴は同じ大きさではなく、接地側が若干大きくな
っている。通常、接地側が左にくるように設置され、メーカー
のロゴなどもその向きで正位置になるように作られている。

| | |
|---|---|
| ● | 片切スイッチ |
| ●● | 片切スイッチ×2 |
| ●3 | 3路スイッチ |
| ●4 | 4路スイッチ |
| ●H | ホタルスイッチ |
| ●L | オンピカスイッチ |
| ⊗2L | リモコンスイッチ×2 |
| ⟟ | 壁コンセント 2P15A×2 |
| ⟟2E | 壁コンセント 2P15A×2 E付 |
| ⟟1ET | 壁コンセント 2P15A×1 ET付 |
| ⟟1EET | 壁コンセント 2P15A×1 E・ET付 |
| ⟟WP | 壁コンセント 2P15A×2 E付（防水） |

スイッチ記号、コンセント記号の例

アース端子付きコンセント

コンセントの穴サイズ

 **ワンポイント解説**

**コンセントの種類**

　コンセントには多種多様な種類があります。文中に出てきたように接地「極」付きのもの、
接地「端子」付きのもの、接地極付きで、さらに接地端子が付いたものもあります。

　ほかにも、引っ掛けても抜けにくい「抜け止め型」や大電流を流せる「20A型」など挙げ
ていくとキリがありません。図面に記載されたシンボルや傍記をしっかり確認して、正し
い製品を取り付けましょう。

# 情報コラム

**電気工事用語の東西**

　皆さんが小さい頃、お正月に食べていたお餅は丸でしたか、四角でしたか？ 狭い日本ですが住む地域で違いがあり、東日本は角餅、西日本は丸餅が一般的だと思います。実は、電気工事の世界にも東西で違うものがあります。

　こう書くと、電気に詳しい人から「知ってるよ、周波数でしょ」という声が聞こえてきそうです。もちろん正解ですが、この本は、現場で迷わないための電気工事業界用語の本なのですから、ここでは、電気工事の現場での東西の違いを紹介したいと思います。

　東西の違いにおいて、ダントツで有名なのはVVFケーブルの呼び名です。電気工事で一番よく使われるといっても過言ではないこのケーブルは、東西でまったく違う呼び名で呼ばれます。東日本では「エフケーブル」または略して「エフ」、西日本では「ブイエー」と呼ばれます。なぜこうなったかはよくわかっていませんが、とても不思議ですね。ちなみに、カタカナで表記していますが、口述で伝わっている言葉なので、どう文字にするかもわかりません。

　ほかにも、ケーブルや電線を直接、または端子をあげてブレーカーなどに接続することを、この本では「はさむ」と説明しました。しかし、これは関東圏での言い方で、例えば九州では「かます」と表現されます。自分が当たり前だと思っていた表現や言葉は、実はその地域や自分の会社だけで通じる言葉なのかもしれません。

　もう一つ、地域によって大きく違う言葉は掛け声です。内装工事の天井内配線工事の中で紹介しましたが、関東圏では配線を2人1組で行う際は、「せーの！よいよい！」や「せーの！こーりゃ！」などという掛け声がよく聞かれます。一方、九州などでは「こーの！よいよい」などという掛け声が使われています。筆者はこの「こーの！」などという掛け声は電気工事の世界でしか聞いたことがなく、どこで生まれた言葉なのか、とても不思議です。皆さんも、色々な地域で電気工事をする機会があれば、このような言葉の違いを探してみるのも楽しいかもしれません。

# 試験・測定 編

☑ 試験
☑ 確認・測定

大事な大事な最終確認！
正しく安全に電気工事が
施工されているか、
目と計器を使って
しっかり確認しよう。

# 1 絶縁抵抗試験 1.1 メガーは電気試験の基本

**桜井先輩：**盤もはさみ終わったし、器具も付けたし、**送電に向けてメガーをかけて**いくか。**マシジメ**もやっていかないとな。

（盤もはさみ終わったし、器具も付けたし、送電に向けて絶縁抵抗計で絶縁抵抗試験をしていくか。増し締めもやっていかないとな。）

**電治郎：**いよいよですか。何だかワクワクしてきますね。ところで、メカとかマジメって何ですか？

**桜井先輩：**メガーに増し締めだよ。意味もわからずワクワクするなよ。**ロウデン**の原因になる絶縁不良や結線間違いを見つけるためにメガーをかけるんだよ。

（メガーに増し締めだよ。意味もわからずワクワクするなよ。漏電の原因になる絶縁不良や結線間違いを見つけるためにメガーをかけるんだよ。）

**電治郎：**メガーをかけると、そういうのが見つかるんですか？

**桜井先輩：**メガーで簡単に見つかるよ。電治郎が器具付けの時に照明器具を**シロミドリャンコ**に結線していたら、一発でわかるよ。

（メガーで簡単に見つかるよ。電治郎が器具付けの時に照明器具を白線、緑線を反対に結線していたら、一発でわかるよ。）

**電治郎：**楽しみですね。

**桜井先輩：**ノンキなやつだな（笑）。まあ、メガーは電気試験の基本中の基本だからしっかりやり方を覚えるんだよ。

絶縁抵抗試験の様子

## 用語解説

**【送電】**
盤や照明器具、コンセントなどに電気を流していくこと。電気工事の世界では、「電気を送る」と表現される。

**【絶縁抵抗計】**
一般的には「メガー」の略称で呼ばれる計器。電線やケーブルまたは機器などに電圧を加え、その時に発生する漏れ電流により、対象物の絶縁抵抗を測定する。電圧を加えて試験をすることから、「メガーをかける」や「メガーをあてる」と表現される。

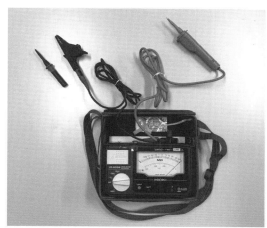

絶縁抵抗計

**【増し締め】**
接続端子の緩みがないか確認し、該当のビスなどを再度、締めつけること。

**【漏電】**
電気が予定された正しいルート以外に流れてしまうこと。電気が「漏れる」というイメージから、漏電と呼ばれる。

**【リャンコ】**
反対になっている状態。「テレコ」とも呼ばれる。場面によっては、「交互に」というニュアンスでも使われることもある。

 ## ワンポイント解説

**増し締めをするタイミング**

　電気工事の品質確保のうえで、非常に重要な増し締めですが、いつ行えばよいのでしょうか。

　たまに、「接続した時に同時にやっている」と言う人がいますが、本来の趣旨からすると、そのやり方はNGです。増し締めは確認も含む作業ですから、最初の締めつけから、ある程度の期間が経過してから行うのが正しいやり方です。一定期間経過後に、緩みや、締めつけが斜めになっていないかなどを確認し、適正トルク値で締めつけます。

　この作業を怠ると接続部が発熱し、火災にもつながりかねません。電気工事の作業で最も重要な作業の1つですので安易に考えず、しっかりと1つずつ丁寧に締めつけていきましょう。

## 1 絶縁抵抗試験 1.2 大事な増し締め

**桜井先輩：**まずは増し締めからだな。俺は**シュカン**の**イチジガワ**をやるから、電治郎は**ニジガワ**を**トルクドライバー**で締めていってくれ。**マーキング**も忘れるなよ。

（まずは増し締めからだな。俺は幹線が接続されているメインブレーカーの一次側をやるから、電治郎は二次側を**トルクドライバー**で締めていってくれ。**マーキング**も忘れるなよ。）

**電治郎：**どこにマーキングをするんですか？

**桜井先輩：**締めた部分に決まっているだろ。黒色のペンでマーキングして。

**電治郎：**（多分、ここかな）桜井先輩、終わりました。

**桜井先輩：**じゃあ電治郎、メガーをかけてみるか。**レンジ**は500Vだ。

（じゃあ電治郎、メガーをかけてみるか。測定範囲は500Vだ。）

**電治郎：**500Vも!? 壊れませんか？

**桜井先輩：**壊れないよ、メガーだから。バッテリーチェックしてOKだったら、接地側の黒いクリップを**アースバー**に挟んで。

**電治郎：****バッテリーチェック**ボタンを押して、クリップを…こうですか？

**桜井先輩：**OK！次は0チェックだ。扉の蝶番のところにライン側の測定棒の先端を当てて、測定ボタンを押してくれ。0になったらアースOKだ。

**電治郎：**0になりました！

**桜井先輩：**アースはOKだな。測定を始めていくか。

## 用語解説

**【主幹】**

盤に入ってくる幹線ケーブルを接続するブレーカー。通常、主幹で受けた電気を分岐して、各機器に送電する。各機器に送電するブレーカーは「分岐ブレーカー」と言う。

**【一次側、二次側】**

盤やブレーカーに対し、電気が入って来る方を「一次側」と呼び、出て行く方を「二次側」と呼ぶ。文中では盤に入って来る幹線ケーブルを「一次側」、各機器に行く配線を「二次側」と呼んでいる。

主幹、二次側

**【トルクドライバー】**

設定したトルク値で締めつけが行えるドライバーのこと。設定した値を超えて締めつけるとドライバーが空回りするため、締めつけ不足だけでなく、過度な締めつけも防止できる。似たような工具で、六角ボルトを適正なトルク値で締めつけることができる、トルクレンチというものもある。

左：トルクドライバー　中央・右：トルクレンチ

**【マーキング】**

締めつけた状態がどこだったかがわかるように、ビスと台座にまたがる形で書かれる印のこと。ビスと台座のマーキングがずれていなければ、緩みが発生していないと確認できる。

**【レンジ】**

測定（計測）範囲のこと。文中では、500V出力での測定を指示している。

マーキング　　　　測定レンジ

 ## ワンポイント解説

### アースチェックのやり方

　絶縁抵抗計は前述の通り、漏れ電流から絶縁抵抗を算出する計器です。そのためアースが適正につながっているかが非常に重要です。極端な話、アース側をつなぎ忘れると漏れ電流が発生しないので、絶縁はすべて良好になってしまいます。たまに、ライン側とアース側の測定部分をくっつけて0チェックを行う人がいますが、それではまったく意味がありません。文中のように本来のアース端子に接続して、それ以外の大地とつながっていると想定される箇所に測定棒を当てて0チェックを行いましょう。

## 1　絶縁抵抗試験 1.3　1回路ずつ丁寧に

**桜井先輩：** じゃあ、俺がメガーの針を見ているから、電治郎は測定していってくれ。回路番号とケーブルの色を読み上げながらあてていって。おっと、その前にブレーカーの確認を…。全部OFFで問題ないな。OK、電治郎、始めようか。

**電治郎：** 101回路、黒！

**桜井先輩：** はい、**インフ**。次々あてていっていいよ。

（はい、**無限大**。次々あてていっていいよ。）

**電治郎：** はい。101回路、白、102、黒、102、白…

**桜井先輩：** ストップ！ 108回路の黒が悪いな。ブレーカー投入禁止にして、名称の横に書いておこう。よし、続けて。

**電治郎：** …306、白。これで全部です。

**桜井先輩：** **タイチ**は終わりだな。次は、コンセント回路の**センカン**をあたるか。万が一、**短絡**していたら大変だからな。

（**対地**は終わりだな。次は、コンセント回路の**線間**をあたるか。万が一、**ショート**していたら大変だからな。）

**電治郎：** 301線間…306線間。完了です。

**桜井先輩：** 線間良好。悪いのは108回路の黒か。器具内ジョイントが悪さをしている気がするな。電治郎、108回路の照明を**ばらして**みるか。

（線間良好。悪いのは108回路の黒か。器具内ジョイントが悪さをしている気がするな。電治郎、108回路の照明を**取り外して**みるか。）

## 用語解説

【アースバー】
接地端子台が複数並べられた鋼製のバーのこと。

【バッテリーチェック】
測定器のバッテリーが切れていないか確認すること。通常、機器に付いているバッテリーチェックボタンを押して確認する。

【インフ（インフィニティ）】
無限大（インフィニティ）の意味。絶縁抵抗が良好な場合、測定不能という意味で、このような呼び方をする人がいる。しかし、無限大になることはありえないので、レンジの最大目盛りの「〇〇以上」と表現する方が正しい。

【対地、線間】
電源ラインとアース（大地）間が「対地」、電源ライン同士が「線間」と呼ばれる。前者の絶縁抵抗が低いと漏電につながり、後者が低いと短絡につながる。

【短絡（ショート）】
電源側の線と、接地側の線を直接または電線や電気が流れることができるものでつないでしまうこと。大量の電気が流れ、電線やケーブルが溶けるなどの事故が発生する。

【ばらす】
器具だけでなく、いったん完成したものを取り外したり分解したりすること。「ジョイントをばらす」などとも言う。

アースバー

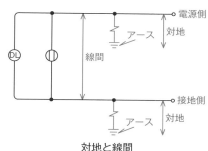
対地と線間

 ワンポイント解説

### 絶縁抵抗計の中身

　文中で電治郎が心配していましたが、なぜ絶縁抵抗計で高い電圧をかけても電線が燃えたりしないのでしょうか。簡単に説明すると、絶縁抵抗計自身が非常に高い抵抗を持っているため、いくら電圧が高くても、電流はほんのわずかしか流れない仕組みになっています。これは電気の基本法則「オームの法則」で簡単に説明できます。ぜひご自身で考えてみてください。

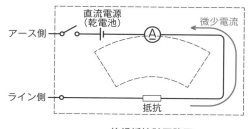
絶縁抵抗計回路図

## 2 接地抵抗試験 ちゃんと落ちているか？

**北川社長：** 明日は、いよいよ**受電**だな。桜井、最終の接地抵抗試験は終わっているか？

（明日は、いよいよ**電気が建物に送られて来る**な。桜井、最終の接地抵抗試験は終わっているか？）

**桜井先輩：** 今日、試験予定です。

**北川社長：** ずいぶんギリギリだな。もう少し余裕を持ってやらんか。

**桜井先輩：** （ギクッ）すいません。さあ、電治郎、試験に行くぞ。

**電治郎：** 桜井先輩、接地抵抗は、アース棒を打った時に測っていますよね。

**桜井先輩：** そうだけど、受電前にもう一度、盤内の端子で測るんだよ。接地線を配線している間に、切れていたりアースが入れ替わっていたりするかもしれないからな。

**電治郎：** なるほど。

**桜井先輩：** A種8.2Ω、B種65Ω、D種52Ω、問題ないな。

**電治郎：** 桜井先輩、アース棒を打った時より数値が上がっていますよ。まずくないですか？

**桜井先輩：** 今、**冬**だからな。これくらいなら問題ないだろう。社長、問題なさそうですね。

**北川社長：** 水も上がって来ていないし、**水切り端子**もうまくいっているようだな。

（水も上がって来ていないし、**アース線の途中での水の遮断**もうまくいっているようだな。）

## 用語解説

**【受電】**

建物に電力会社（正確には、送配電事業会社および小売電気事業会社）から電気が送られること。はじめて送られる日を「受電日」と言い、「受電前」や「受電した」といった表現で使われる。

**【Ω】**

電気回路において、電流の流れを妨げる「抵抗」の単位。この数値が少ないほど電気が流れやすい。前項の絶縁抵抗の単位は「MΩ」で表されることが多い（Mは10の6乗＝100万倍）。

**【接地抵抗と季節】**

接地抵抗は、水分含有量や温度などで変化する土壌の抵抗率によって変化する。接地抵抗は、一般的に夏に低くなり、冬に高くなる傾向がある。

**【水切り端子】**

主に接地極からの立ち上げに使われるサイズのIV線は、細い電線がより合わされた、より線であるため、土壌の水分を毛細管現象で吸い上げてしまう。そのため、立ち上げの途中に水切り端子を設けて、水の吸い上げを遮断する。電線同士を接続する構造になっていることから、「水切りスリーブ」とも呼ばれる。水切り端子が鉄筋などに触れないように、写真のようなカゴや絶縁キャップを周囲に取り付けることが多い。

水切り端子

 ワンポイント解説

### 接地抵抗試験は受電前

　接地抵抗試験は、接地極の抵抗を測定する試験です。そのため、二次側（機器側）につながっている接地線は外して測定する必要があります。外すということは、当然、大地に電気が流れなくなります。そのため機器に電気が送られた状態で接地抵抗を測定することは非常に危険です。受電した後に接地抵抗を測定できるのは、基本的に建物全体を停電させた時のみになります。

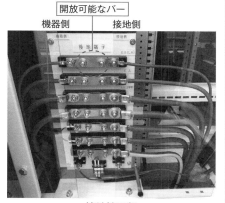

接地端子盤

## 3 回路試験 3.1 2人1組で確認しよう

**電治郎：**先輩、ようやく受電しましたね。バンバン送電していきましょう！

**桜井先輩：**また、そうやって覚えたての言葉を使って（苦笑）。送電を安易に考えていると事故を起こすぞ。しっかり回路試験をやってからだ。

**電治郎：**回路試験って何ですか？

**桜井先輩：**図面上の回路と現地が合っているかを確かめる試験だよ。ブレーカーのON-OFFで回路を確認したり、現地のスイッチを操作して照明点滅がきちんと**千鳥**になっているかなどを確認するんだ。

（図面上の回路と現地が合っているかを確かめる試験だよ。ブレーカーのON-OFFで回路を確認したり、現地のスイッチを操作して照明点滅がきちんと**交互**になっているかなどを確認するんだ。）

**電治郎：**面白そうですね。じゃあ、行って来ま～す。

**桜井先輩：**ちょっと待て。１人でできるわけがないだろう。２人１組でやるんだよ。トランシーバーを渡すから、電治郎は盤の前に配置して、俺の指示通りにブレーカーを入り切りしてくれ。ただし、トランシーバーは盤から離れて使えよ。**ELB**が**飛んじゃう**から。

（ちょっと待て。１人でできるわけがないだろう。２人１組でやるんだよ。トランシーバーを渡すから、電治郎は盤の前に配置して、俺の指示通りにブレーカーを入り切りしてくれ。ただし、トランシーバーは盤から離れて使えよ。漏電遮断器が動作してOFFになってしまうから。）

**電治郎：**桜井先輩、その手に持っているのは何ですか？

**桜井先輩：**これは**コンテスター**だよ。コンセントの試験で使うんだ。

（これは**コンセント用配線検査器**だよ。コンセントの試験で使うんだ。）

**電治郎：** 今度、使ってみたいです。

---

## 用語解説

**【千鳥（点滅）】**

あるエリアを、全体的に50％の明るさにできるように照明の点滅を交互に配置したもの。2つのスイッチをそれぞれの点滅に対応させることにより、50％点灯の状態をつくることができる。1：1の組み合わせだけでなく、1：2などの組み合わせでも「千鳥点滅」と言われる。対称的な配置として「ゾーン点滅」がある。

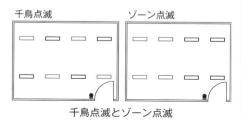
千鳥点滅とゾーン点滅

**【漏電遮断器（ELB）】**

通常のブレーカーは「配線遮断機」と言われ、規定より大きな電流が流れた際に、回路を遮断する機構となっている。漏電遮断器はその機構に加え、漏電時にも回路を遮断することができる。

**【飛ぶ】**

大きな電流や漏電が発生した際に、ブレーカーが動作して回路を開放すること。ブレーカーが「落ちる」とも言われる。

**【コンテスター】**

コンセントの電圧、極性が試験できる機器。左右の差し込みプラグの大きさが異なっており、電源側と接地側を逆に差し込むことはできない形状になっている。また、付属のリード端子を接地極や接地端子にあてることにより、コンセントにアースが接続されているかの確認もできる。

コンテスター

---

 **ワンポイント解説**

### 漏電ブレーカーと漏電表示

　水回りや外部など漏電の危険性が高い部分には、漏電遮断器を通じて電気を送ることが推奨されています。漏電遮断器の規格としては30［mA］、0.1［s］のものが多く使われます。これは30mAの漏電が発生した場合、0.1秒で遮断するという意味で、人体への影響を考えて決められた値です。

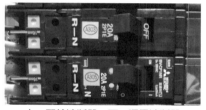
上：配線遮断器　下：漏電遮断器

# 3　回路試験 3.2 電源種別を間違えないように

**桜井先輩**：電治郎、301回路投入！

**電治郎**：－ブレーカー ON －　投入しました。

**桜井先輩**：おかしいな、来ないぞ。電治郎、本当に入れたのか？ちょっと、回路番号と**負荷**名称読み上げてみて。

**電治郎**：負荷？　G301の名称は保守コンセントです。

**桜井先輩**：違うよ、それは**GC**だよ。俺が指示したのはただの301。**AC**だよ。

（違うよ、それは**発電機系電源**だよ。俺が指示したのはただの301。一般電源だよ。）

**電治郎**：あ、こっちですか。すいません。G301開放して、ただの301投入します。

**桜井先輩**：はい、電圧・極性良好！　次は302回路。あれ？すでに**生きている**な。電治郎、302回路って今、**開放**だよな。

（はい、電圧・極性良好！　次は302回路。あれ？すでに**電源が来ている**な。電治郎、302回路って今、**OFF になっている**よな。）

**電治郎**：（生きている？）302はOFFです。

**桜井先輩**：そうか。電治郎、ちょっと301を**殺して**くれ。

**電治郎**：切ればいいんですか？　－ブレーカー OFF －

**桜井先輩**：あっ、**死んだ**。これ、どっかで**回っちゃってる**な。電治郎、このままだと、**ぶつかって**ブレーカーが飛んじゃうから、301、302両方とも、**線を浮かしといて**くれ。

（あっ、**切れた**。これ、どっかで別の回路から電源が来ているな。電治郎、このままだと、**電源が混触してブレーカーが飛んじゃう**から、301、302両方とも、線を**ブレーカーの端子から外し**ておいてくれ。）

## 用語解説

**【負荷（ふか）】**
照明やコンセントなど、電気を消費するものの総称。

**【AC-GC（エーシー ジーシー）】**
自家用発電機が設置されるような比較的大きな現場では、発電機回路のことを「GC（Generator current）回路」、または「G回路」と呼ぶ。その際、発電機から電気が供給されない一般回路は、区別のために「AC（Alternating current）回路」と呼ばれる。

**【生（い）きている、死（し）んでいる】**
電気が送電されているか、送電されていないかを表現する言葉。また、電気の入り切りは、「生かす」、「殺す」などと表現されることも多い。

**【回（まわ）る、ぶつかる】**
正しい電源に加え、違う別の回路の電源が、何らかのミスで供給されてしまっている状態のこと。本来のブレーカーを開放しても現地の電源は生き続けているため、非常に危険な状態となる。また、電源の組み合わせによってはブレーカーが飛んで、電気を送ることができない。

**【浮（う）かす】**
接続対象から該当電線を外すこと。ブレーカーの端子台だけでなくプルボックスなどのジョイントから、該当電線を外す際にも用いられる。

浮かした状態

 ## ワンポイント解説

### AC、GC、DC、EC

　本来、ACとは交流電源のことであり、その対義語としては直流電源のDC（Direct current）がふさわしいのですが、DC回路が存在しない現場が多数であるため、現場では「AC-GC」のような対比で使われます。まれに、GC回路をさらに細分化して「GC-EC」のように分ける場合もあります。この場合、GCは「保安電源」、ECは「非常電源（Emergency current）」と呼ばれます。ただし、GCもECも和製英語なので注意しましょう。

# 3 回路試験 3.3 怪しい回路は投入禁止

**北川社長：**なんだかバタバタしとるのぉ。

**桜井先輩：**社長、302回路に301が回り込んでいるみたいで、今、電治郎にケーブルを浮かすように指示したところです。

**北川社長：**回っているんじゃなくて、単純にプルボックスで**握り**間違ったんじゃないのか？ケーブルを浮かす前に、そこの確認をしたらどうだ。電治郎、とりあえず、**投入禁止表示**をしておきなさい。

（回っているんじゃなくて、単純にプルボックスで**ジョイント**を間違ったんじゃないのか？ケーブルを浮かす前に、そこの確認をしたらどうだ。電治郎、とりあえず、**投入禁止表示**をしておきなさい。）

**電治郎：**飛んだ状態のブレーカーの上に、テープを貼っておけばいいですか？

**桜井先輩：**電治郎、**トリップ**はしてないだろ。

（電治郎、**遮断動作**はしてないだろ。）

**北川社長：**ブレーカーがトリップした場合は、ハンドルが**ニュートラル**になって、手動でOFFにした場合とは違う状態になるんだ。今後、回路が死んでいる時は、ブレーカーが飛んだのか、単にOFFにされているだけなのかをしっかり見るようにするんだよ。

（ブレーカーがトリップした場合は、ハンドルが**中間位置**になって、手動でOFFにした場合とは違う状態になるんだ。今後、回路が死んでいる時は、ブレーカーが飛んだのか、単にOFFにされているだけなのかをしっかり見るようにするんだよ。）

**桜井先輩：**ふーっ、やっとこの盤が終わりだ。最初にあった回路違いが1か所と、コンセントで**アース無し**が2か所、**不点**が1か所か…。

**北川社長：**多過ぎだ。もう一度しっかり図面を見て、直しなさい。

**桜井先輩：**はい、まずプルボックスから見てみます。

---

### 用語解説

【握る】
結線、ジョイントのこと。

ブレーカー投入禁止表示

【投入禁止表示】
ブレーカーに、投入禁止の旨をテープなどで表示すること。

【トリップ】
ブレーカーが遮断動作を行うこと。「飛ぶ」、「落ちる」と同じ意味だが「トリップ」の方が正式名称。大電流で動作した場合を「過負荷（電流）トリップ」、漏電でトリップした場合を「漏電トリップ」と言う。

【ニュートラル】
ブレーカーが遮断動作をすると、ハンドルは通常の開放位置には行かず、ONとOFFの中間位置で止まるようになっている。この状態から、再度投入する場合には、一度ハンドルをOFFに戻してから投入する必要がある。

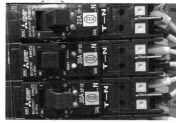
ブレーカーニュートラル
（◯印が通常のOFF。中央がトリップ状態）

【アース無し】
コンセントや機器などで接地が取れていないこと。

【不点】
点灯しないこと。原因に関わらず、この表現が使われる。コンセントなど光らない機器にも、この「不点」という表現が用いられる。

---

 ワンポイント解説

**トリップしているブレーカーをすぐに投入しない！**

　現場経験の浅い人がやりがちなミスに、「安易なブレーカーの再投入」があります。文中で説明しましたが、ハンドルがニュートラルかどうかを確認せずに再投入してしまうと、ブレーカーがトリップしていたの

漏電トリップ表示
（◯印の飛び出しが漏電表示）

か、ただ切られていたのかがわからなくなってしまいます。さらに、漏電ブレーカーの場合は、漏電でトリップした場合は表示が別に出るようになっています。完成間際の現場でOFFになっているブレーカーを見つけたら、その状態をよく確認するようにしましょう。

# 1 相回転確認 1.1 立ち会ってもらって確認しよう

**桜井先輩：**今日は、**設備屋**さんと合番で相回転確認をしていくぞ。

（今日は、**設備工事業者**さんと合番で相回転確認をしていくぞ。）

**電治郎：**相回転確認って何ですか？

**桜井先輩：動力**負荷の回転を見ていくんだよ。**逆相**だったら大変だからな。

（**動力**負荷の回転を見ていくんだよ。**逆回転**だったら大変だからな。）

**電治郎：**逆相って何ですか？（動力もよくわからないけど…）

**北川社長：**通常の回転とは逆に回っているってことだよ。電源の種類には大きく2種類、照明やコンセントなどに供給する単相電源と、比較的大きなファンやポンプなど動力と呼ばれる負荷に供給する三相電源がある。三相電源は、基本的に回転する負荷に送電するようになっているから、その回転の方向をしっかり確認する必要があるんだ。

**電治郎：**三相…、以前勉強した気がします。

**桜井先輩：**盤までは、すでに俺と社長で**正相**確認済みだから、あとは末端機器の確認をすればOKだよ。

（盤までは、すでに俺と社長で**正回転**確認済みだから、あとは末端機器の確認をすればOKだよ。）

**電治郎：**どうやって盤で回転を確認したんですか？回転する機器もないのに。

**桜井先輩：検相器**っていう試験器があるんだ。今度、教えてあげるよ。

**電治郎：**使ってみたいです。

## 用語解説

### 【設備】

「設備」と呼ぶ時、狭い意味では水道や消火などの水関係の工事を行う衛生工事業者と、換気やエアコンなどの空気関係の工事を行う空調業者の2者を指す。ただ、広い意味では、電気工事、衛生工事、空調工事をすべて含めて「設備工事」と呼ぶ場合もあり、線引きは曖昧である。

### 【○○屋】

建設業の職種は、鳶、大工などの例外を除いて、「○○屋（さん）」と呼ばれることが多い。
例：鉄筋屋（さん）、ペンキ屋（さん）、左官屋（さん）など
電気工事は「電気屋（さん）」と呼ばれる。

### 【動力】

三相の電気で運転するものを「動力負荷」と呼び、そこに電気を供給する盤や設備などを、まとめて「動力設備」と呼ぶことが多い。一方、ファンなどモーター（電動機）で回転するものをすべて「動力」と呼ぶ習慣もあり、100Vなどの単相電源で運転する機器を、「単相動力」などと呼ぶこともある。

### 【相回転、正相・逆相】

三相がR相、S相、T相の順になっているものを「正相」と言う。実機で言えば、モーターにまたがって機器側を見た時に時計回りに回転するものが正相、反時計回りに回転するものが逆相である。このR、S、Tの順序を「相回転」と言う。

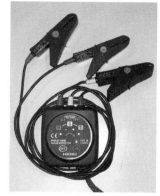

### 【検相器】

電源線の正相・逆相を判別する試験器。3つのクリップをそれぞれの相につないで試験する。

検相器

 ワンポイント解説

### 逆相にするには

　正相のものを逆相にする、またはその反対はどうすればよいと思いますか。よく行われるのは、2本の線を入れ替えるという方法です。なぜ、2本を入れ替えればよいのでしょうか。

　正相とは、R→S→T→R→S→T→R→S→T→Rとなっている状態です。

　逆相とは、右側から読んでいけばよいのでR→T→S→R→T→S→Rです。

　正相のRとSを入れ替えたS→R→T、SとTを入れ替えたR→T→S、RとTを入れ替えたT→S→R、すべて逆相の順番のどこかに表れるのがわかるでしょうか。まれに逆相で接続する必要がある機器があります。その際は、基本的には、RとTを入れ替えて接続しましょう。

## **1** 相回転確認 1.2 試験スイッチで確認しよう

**桜井先輩：** じゃあ、盤面の**コス**を手動にして、起動ボタンを押して回していくか。設備屋さん、回しますよー、はい運転！

（じゃあ、盤面の**COS**を手動にして、起動ボタンを押して回していくか。設備屋さん、回しますよー、はい運転！）

**設備屋さん：** OKでーす。

**桜井先輩：** よし、停止。電治郎、こんな感じで次々やっていくぞ。

**電治郎：** なんか面白そうですね。

－ ブーン、ドン!! ブーン －

**電治郎：** 桜井先輩、なんか変な音がしましたよ。大丈夫ですか？

**桜井先輩：** 今度の機器は**スターデルタ**で、今までの**ジカイレ**とは違うからな。大丈夫だよ。

（今度の機器は**スターデルタ始動**で、今までの**直入れ始動**とは違うからな。大丈夫だよ。）

**電治郎：** （なんか、かっこいい名前だな）

**桜井先輩：** よし、相回転確認は問題なし。あとは、**テイカク**で**サーマル**が飛ばなければ問題ないな。設備屋さん、自動にしておくので、あとはよろしくお願いします。何かあったら言ってください。

（よし、相回転確認は問題なし。あとは、**定格運転**で**保護リレー**が飛ばなければ問題ないな。設備屋さん、自動にしておくので、あとはよろしくお願いします。何かあったら言ってください。）

**電治郎：** 電気工事って、いろんな人と協力して仕事をしないといけないんですね。

**桜井先輩：**まあ、人様の機械に電気を送るのが仕事だからな。

---

### 用語解説

**【COS】**（シーオーエス）

切り替えスイッチ（Change Over Switch）のこと。手動－連動や、試験－遠方など、操作方法を切り替える用途でよく使われる。手動に切り替えた後に、起動ボタンを押すことで強制運転できるようになっている盤が多い。

**【スターデルタ（始動）】**（しどう）

動力負荷は、「始動時」と呼ばれる運転開始直後に大きな電流が流れるため、それを抑制制御する必要がある。スターデルタ始動は、その制御方式の中で、最もポピュラーなものの1つ。

COS スイッチと起動ボタン

**【直入れ（始動）】**（じかい）（しどう）

始動制御装置を介さずに配線用遮断器からのケーブルをそのまま動力負荷に接続すること。

**【定格運転】**（ていかくうんてん）

始動状態が完了し、モーターなどの動力負荷が一定の出力で運転を続けている状態のこと。

**【サーマルリレー】**

動力負荷は、始動時の大きな電流でもトリップしないサイズのブレーカーで電気が送られる。そのため、定格運転時に定格を超える電流が流れてもブレーカーがトリップしない。そのため、ブレーカーの下に「サーマル」と呼ばれる短時間の大電流では遮断しない機器を付けて、定格運転時の保護を行っている。

---

 ワンポイント解説

**定格運転と定常（通常）運転**

　定格運転とは、モーターが適正な定格出力で運転している状態です。しかし、すべてのモーターが定格で運転しているわけではありません。例えばですが、大きな容量のモーターで小さな負荷を運転することも可能なため、定格運転と定常（通常）運転は厳密に言えば違います。しかしながら、一般的には負荷の容量にマッチしたモーターが選定されるため、現場ではそこまで細かく区別されず、定常運転のことを定格運転と呼ぶことがほとんどです。近年は様々な制御方式の登場で、定格出力で定常運転を行わないことも多くなっています。動力負荷が定常運転に入った際には再度、盤で運転電流など出力の状態を確認するようにしてください。

## 2 照度測定 明るくなったな〜

**電治郎：**今日は残業だと社長に言われましたけど、何ですかね。

**桜井先輩：ショウド**測定をやるんだよ。暗くならないとできないからね。

（照度測定をやるんだよ。暗くならないとできないからね。）

**電治郎：**ショウド？照明の試験ですか？

**桜井先輩：**そう、明るさを**ショウドケイ**で測っていくんだよ。一般照明と**非常照明**の両方だ。まずは非常からやっていくか。

（そう、明るさを照度計で測っていくんだよ。一般照明と停電時に点灯する照明の両方だ。まずは非常からやっていくか。）

**電治郎：**非常照明って、どうやって光らせるんですか？非常ボタンでも押すんですか？

**桜井先輩：**違うよ（笑）。ここの非常照明は**内蔵型**だから、盤の主幹を落として、そのエリアを停電状態にすれば勝手に光るよ。

（違うよ（笑）。ここの非常照明は器具本体にバッテリーが付いているタイプだから、盤の主幹を落として、そのエリアを停電状態にすれば勝手に光るよ。）

**北川社長：**このエリアは事務所だから照度測定の場所は、非常照明は**ユカメン**だが、一般は**キジョウ**なので測定を間違えないように。

（このエリアは事務所だから照度測定の場所は、非常照明は床面だが、一般は机上なので測定を間違えないように。）

**桜井先輩：**わかりました。注意します。

**電治郎：**こうして灯りが点くと、自分たちの仕事が報われた気分になりますね。

140

**桜井先輩：** そうだな。こういう瞬間が電気工事の醍醐味かもしれないな。さあ、感傷に浸ってないで仕事、仕事。早く終わらせて帰るぞ。

---

## 用語解説

**【照度】**

照らされた面の明るさ。照度計を用いて測定する。

**【非常照明】**

自身が設置されているエリアが停電した際に、自動的に点灯する照明。法令上で、一定規模以上の建物には設置が義務付けられている。

**【非常照明の種類】**

非常照明には大きく分けて、バッテリー内蔵型とバッテリー別置型の2種類がある。前者は、照明器具本体にバッテリーが付属されたもので、本体に電源が来なくなると、自動的にバッテリーからの電気で点灯する。後者は、バッテリーが別の場所に置かれたもので、普段は電気が送られていないが、停電時には別置きのバッテリーから電気が送られて点灯する。後者の場合は、点灯エリアまでの配線は火災等で断線することのないように耐火性のあるケーブルで行われる。

**【床面照度、机上照度】**

照度を測る場合、廊下や倉庫などは床面、事務所などの執務室は机があると仮定して、その机の5cm程度上方で測定することが一般的である。照度は面に対するものなので、想定高さの机上照度を測定する場合も、照度計は上を向けて測定する必要がある。

照度計

---

 **ワンポイント解説**

### すぐ測るのはNG

　非常照明は、バッテリー内蔵型でも別置型でもバッテリーからの電気で点灯することは説明しました。バッテリーですから、当然、放電し続けると出力が弱くなっていきます。その弱くなった状態において、法律で求められる照度を確保する必要があります。そのため、非常照明の照度測定を行う場合は、バッテリー内蔵型であれば非常照明の点灯から30分以上経過してから測定を開始するようにしてください。別置型の場合は、発電機との組み合わせによって若干複雑になるため、監督者に確認するようにしてください。

# 情報コラム

**「付ける」と「点ける」、様々な言い間違いの防止**

　電気工事の世界でよく聞く小話があります。

先輩：昨日、「照明つけとけ」って言ったのに、ついてないじゃないか！

後輩：ちゃんとつけましたよ。しっかり見てくださいよっ。

　勘のよい読者なら気づいたと思いますが、違いは以下の通りです。

先輩：昨日、「照明点けとけ」って言ったのに、ついてないじゃないか！

後輩：ちゃんと付けましたよ。しっかり見てくださいよっ。

　冗談のようですが、本当によくある話です。このような勘違い・行き違いを防止するために電気工事の世界では、様々な言い換えが行われています。電気結線工事の器具取付工事で紹介した「投入」、「開放」という言い方もその1つです。日常、スイッチの入り切りなどで使われるON-OFFという言葉は、語感が非常に似ているので、聞き間違いが発生する可能性が高いため、このような言い換えが行われます。

　他に有名な言い換えとして、「手動」があります。皆さんはどう読みましたか？普通の人は「シュドウ」と読んだのではないでしょうか。しかし、これは現場では「テドウ」と言われます。これもON-OFFと同じく「シュドウ」では反対の状態である「自動」と語感が似ていて聞き間違いが起こりやすいためです。同様に、「○○している」、「○○していない」など語尾で判断する表現もあまり好まれません。これはシンプルに勘違い・思い込み防止のためです。「電気が来ている」、「電気が来ていない」などの表現は、語尾が聞き取りづらかったり、冒頭の言葉で思い込んだりしてしまうと、重大な事故につながりかねません。試験編の回路試験で説明した「生きている」、「死んでいる」や「生かす」、「殺す」などの表現も、電気工事業界のガラが悪いわけではなく、事故を減らし、安全に作業を進めるために有益なので生き残ってきた表現なのです。

　冒頭の表現に戻ると、経験の長い人はちゃんと「照明を点灯させろ」とか「照明を取り付けろ」と指示を出します。電気は、便利さの裏返しの危険を必ず持ち合わせています。たった一言の言い間違い、聞き間違い、そして思い込みが重大な事故につながりかねません。仲間とコミュニケーションを取り合う時も慎重で正確な表現を心掛けてください。

現場で迷わない
はじめての電気工事業界用語

2020 年 8 月 17 日　　第 1 版第 1 刷発行
2024 年 4 月 10 日　　第 1 版第 6 刷発行

著　　者　　廣吉康平
発行者　　村上和夫
発行所　　株式会社 オーム社
　　　　　郵便番号　101-8460
　　　　　東京都千代田区神田錦町 3-1
　　　　　電話　03(3233)0641(代表)
　　　　　URL　https://www.ohmsha.co.jp/

© 廣吉康平 2020

組版　アトリエ渋谷　　印刷・製本　壮光舎印刷
ISBN978-4-274-22587-1　Printed in Japan

本書の感想募集　https://www.ohmsha.co.jp/kansou/
本書をお読みになった感想を上記サイトまでお寄せください。
お寄せいただいた方には、抽選でプレゼントを差し上げます。